# 向家坝水电站抗冲耐磨混凝土研究与应用

高鹏　顾功开　虎永辉　宛良朋　等◎编著

中国三峡出版传媒
中国三峡出版社

**图书在版编目（CIP）数据**

向家坝水电站抗冲耐磨混凝土研究与应用 / 高鹏等编著. -- 北京 : 中国三峡出版社, 2024.3
ISBN 978-7-5206-0318-8

Ⅰ. ①向… Ⅱ. ①高… Ⅲ. ①水力发电站—抗冲击—混凝土—研究—水富县②水力发电站—耐磨材料—混凝土—研究—水富县 Ⅳ. ①TV752.744

中国国家版本馆CIP数据核字(2024)第042672号

责任编辑：李　东

中国三峡出版社出版发行
（北京市通州区粮市街2号院　101199）
电话：（010）59401514　59401529
http: //media.ctg.com.cn

北京中科印刷有限公司印刷　新华书店经销
2024 年 3 月第 1 版　2024 年 3 月第 1 次印刷
开本：787 毫米 ×1092 毫米　1/16 开　印张：10.5
字数：230千字
ISBN　978-7-5206-0318-8　定价：80.00元

# 编 委 会

# 前言
## Preface

向家坝水电站是长江干流金沙江段下游四个梯级电站中的最末一个梯级电站。工程设计开发任务以发电为主，同时改善通航条件，兼顾防洪、灌溉。大坝坝址下游紧邻云南昭通水富市，大坝泄洪消能将对水富市市区及位于该市区的大型企业云南天然气化工厂产生较大影响。为满足环境保护和航运要求，水电站选择不易产生水气雾化和对河道水流形态影响较小的底流消能作为大坝泄洪消能方式。向家坝水电站具有高水头、大单宽流量、高流速（近40m/s）、多泥沙的特点，且下游水富市及云南天然气化工厂对大坝泄洪消能有特定要求，因此，大坝泄洪消能备受国内各界人士高度关注。

为确保工程运行安全，通过科学论证选择适合的泄洪消能建筑物型式和布置方式。历经10余年科学研究，在完成38项模型试验和数值分析工作的基础上，最终选定泄洪建筑物布置于河床中部略靠右侧，由12个表孔+10个中孔组成。采用修建中导墙型式分成两个消能区，采用跌坎式淹没射流底流消能的泄洪消能建筑型式，并采用中表孔间隔布置、高低坎底流消能型式的方案，较好地解决了泄洪、消能、排沙和水气雾化的问题。为满足高水头、大单宽流量和多泥沙泄洪消能对水工建筑物的要求，开展抗冲耐磨混凝土配合比研究，保证过流面混凝土浇筑密实，并确保施工后高强度等级混凝土的表面平整光滑、不开裂，是向家坝工程要攻克的主要技术难题，也是本书的主题。

本书针对向家坝水电站通过平行对比研究，探索出了区别于传统掺硅粉为耐磨蚀剂混凝土配合比，该配合比下的混凝土抗水流冲击磨蚀性能、强度和抗裂性能均达到设计要求。通过向家坝水电站泄洪消能建筑物建设，表现出混凝土抗冲耐磨性能良好，且现场混凝土浇筑和养护便利。因此，一种区别于传统抗冲耐磨混凝土的配合比得到成功应用，具有一定的借鉴作用和推广价值。

作者

2024 年 2 月

# 目 录
Contents

# 第1章 概 述

## 1.1 工程概况

### 1.1.1 工程基本情况

向家坝水电站位于四川省宜宾县和云南省水富市交界处，上距溪洛渡工程156.6km，下距宜宾市宜宾县城33km、水富市区1.5km，为金沙江下游梯级电站开发的最后一级电站。工程控制流域面积45.88万$km^2$，占金沙江流域面积的97%，多年平均年经流量4570$m^3/s$。工程的开发任务以发电为主，同时具有改善上、下游通航条件，兼顾防洪、灌溉、拦沙和对溪洛渡水电站进行反调节等作用。

向家坝水电站水库正常蓄水位为380m，死水位和防洪限制水位均为370m，总库容为51.63亿$m^3$，调节库容和防洪库容均为9.03亿$m^3$，具有季调节能力。电站安装8台800MW机组，总装机容量6400MW，近期保证出力2009MW，多年平均年发电量307.47亿kW·h，装机年利用小时5125h。

工程枢纽主要由拦河大坝、泄水排沙建筑物、左岸坝后厂房、右岸地下厂房、左岸垂直升船机和两岸灌溉取水口等组成。其中，拦河大坝为常态混凝土重力坝，坝顶高程384m，最大坝高162.00m，坝顶长度896.26m，总库容51.63亿$m^3$，总装机容量6400MW，混凝土总量约1365万$m^3$；电站厂房分列两岸布置，左、右岸厂房各安装4台800MW机组；泄洪建筑物位于河床中部略靠右侧，由12个表孔+10个中孔组成，表、中孔间隔布置，由中导墙分成两个消能区，采用跌坎式淹没射流底流消能；一级垂直升船机位于左岸坝后厂房左侧，最大提升高度114.20m，设计年货运量112万t；左岸灌溉取水口位于左岸岸坡坝段，设计取水流量98$m^3/s$，右岸灌溉取水口位于右岸地下厂房进水口右侧，设计取水流量38$m^3/s$；冲沙孔和排沙洞分别设在升船机坝段的左侧及右岸地下厂房的进水口下部。

工程于2006年11月经国家核准正式开工建设，2008年12月截流，2012年11月5日首台机组投产，2014年7月10日全面投产，多年平均年发电量307.47亿kW·h。向家坝水电站是国家“西电东送”主要电源之一，其电力电量主要送往华东电网消纳，在枯水期兼顾四川省用电需要。电站以500kV电压等级接入系统，左、右岸分别出线2回至四川复龙换流站，通过复龙至上海南汇 ±800kV直流示范工程输电至华东电网，输电线路长约2000km，额定输送功率6400MW，最大连续输送功率7000MW。为减少直流故障时送端水电站的切机，从送端就近出3回500kV交流线路至四川电网（泸州）。

### 1.1.2 工程难点

向家坝水电站泄洪消能主要特点是：高水头、大单宽流量、多泥沙，向家坝水电站坝址多年平均年经流量4570m$^3$/s，多年平均含沙量为1.72kg/m$^3$。泄洪消能是向家坝工程的重大技术问题之一，主要特点、难点可归结为以下3个方面：

（1）环境保护和航运要求限制。向家坝水电站下游消能建筑物紧邻水富市区和该市区大型企业云南天然气化工厂，应尽可能减轻泄洪消能对环境带来的不利影响，须防止泄洪雾化影响，不能采用挑流消能；电站位于通航河流，要求泄洪消能后出流平稳低速，不能采用面流消能。环境保护和航运要求限制泄洪消能方式，需选用对周边环境影响较小的底流消能方式。

（2）泄洪消能技术指标。向家坝水电站校核洪水情况上、下游水位差约85m，最大泄洪流量（5000年一遇校核洪水）48 660m$^3$/s，最大下泄功率约40 575MW，消力池入池流速达45m/s左右，池内最大单宽流量225m$^3$/（s·m），最大单宽泄洪功率187.6MW/m，底流消能技术指标处于较高水平。国内外采用底流消能的100m以上高坝工程见表1–1。

表1–1 国内外采用底流消能的100m以上高坝工程

| 编号 | 工程名称 | 国家 | 坝高（m） | 泄洪流量（m$^3$/s） | 泄洪功率（MW） | 消能水头（m） | 消力池单宽流量[m$^3$/（s·m）] | 入池最大流速（m/s） |
|---|---|---|---|---|---|---|---|---|
| 1 | 特里 | 印度 | 260.5 | 15 540 | 11 934 | 222 | 溢洪道110 | |
| 2 | 萨扬舒申斯克 | 苏联 | 245 | 13 600 | 25 000 | 197 | 121 | 52 |
| 3 | 巴克拉 | 印度 | 226 | 11 300（6776） | 10 096 | 149 | 123 | 49.5 |
| 4 | 德沃歇克 | 美国 | 219 | 5380 | 8800 | 81 | 145 | 46.6 |
| 5 | 奥本 | 澳大利亚 | 213 | 4480 | — | — | 142 | — |
| 6 | 夏斯太 | 美国 | 184 | 5240 | — | — | 62 | — |
| 7 | 官地 | 中国 | 168 | 15 500 | 16 118 | 106 | 163 | 40 |
| 8 | 向家坝 | 中国 | 161 | 48 660 | 40 575 | 85 | 225 | 45 |

续表

| 编号 | 工程名称 | 国家 | 坝高（m） | 泄洪流量（$m^3/s$） | 泄洪功率（MW） | 消能水头（m） | 消力池单宽流量[$m^3/(s·m)$] | 入池最大流速（m/s） |
|---|---|---|---|---|---|---|---|---|
| 9 | 清江隔河岩 | 中国 | 151 | 27 800 | 20 700 | 74 | 210 | 40 |
| 10 | 塔贝拉 | 巴基斯坦 | 143 | 42 500（18 400） | 35 233 | 82.9 | 173.8 | 49 |

（3）骨料强度偏低。向家坝水电站施工区周边区域均分布灰岩，也是混凝土骨料的唯一品质。灰岩结构较为复杂，有碎屑结构和晶粒结构两种。碎屑结构多由颗粒、泥晶基质和亮晶胶结物构成。颗粒又称粒屑，主要有内碎屑、生物碎屑和鲕粒等，泥晶基质是由碳酸钙细屑或晶体组成的灰泥，质点大多小于0.05mm，亮晶胶结物是充填于岩石颗粒之间孔隙中的化学沉淀物，是直径大于0.01mm的方解石晶体颗粒；晶粒结构是由化学及生物化学作用沉淀而成的晶体颗粒。

从构成混凝土的主要骨料上来看，其自身强度较低，且作为抗冲耐磨混凝土应用相对较少。

（4）泄洪消能与大坝稳定安全。坝基存在深层滑动的地质背景，消力池下部基岩为大坝深层抗滑的抗力体，泄洪消能安全与大坝稳定直接关联，其安全要求较高。

## 1.2 研究必要性

根据向家坝水电站泄洪消能特点，对混凝土的抗冲耐磨性能提出了更高的要求，提高抗冲耐磨混凝土的使用寿命，减少维修的周期与次数是一大难题。此外，泄洪消能建筑物的混凝土施工时段处于夏季高温天气，高强度等级抗冲耐磨混凝土浇筑和养护，并保证抗冲耐磨混凝土在布置密集钢筋的泄洪消能结构部位，如何做到混凝土浇筑密实和使浇筑后结构混凝土易于养护不开裂，是施工阶段的另一大难题。这对抗冲耐磨混凝土原材料的选择、配合比的优化设计、混凝土的抗裂性能和抗冲耐磨性能以及施工便易性等各方面均提出了较高的要求。

根据试验结果，当流速达到30~50m/s时要采用花岗岩或其他坚硬岩石；依据DL/T 5207—2005《水工建筑物抗冲磨防空蚀混凝土技术规范》[1]，对于流速大于或等于40m/s的泄水建筑物的抗磨蚀问题应做专门研究。此外，国内传统抗冲耐磨混凝土主要掺入硅粉以提高混凝土的耐磨性能，为防止混凝土表面开裂有时还需掺入纤维。传统的抗冲耐磨混凝土在实际操作中经常会出现硅粉掺拌不均匀现象，且向家坝水电站工程范围周边有大量灰岩骨料，而灰岩骨料由于自身强度低，在抗冲耐磨混凝土中应用较少。因此，为高效利用现有材料，避免硅粉拌合不均匀情况，有必要开展以灰岩为骨料和不掺硅粉的抗冲耐磨混凝土可行性研究。

## 1.3 研究现状

### 1.3.1 混凝土的研究现状

#### 1.3.1.1 混凝土的定义和组成

混凝土是一种由水泥、砂、骨料和水混合而成的人造材料，是建筑和土木工程中最常用的材料之一，因其在结构中的广泛应用而成为现代社会的重要材料。水泥是混凝土的胶结材料，它遇水产生化学反应，从而形成硬化的混凝土。砂是混凝土中的细颗粒材料，其主要作用是填充水泥和骨料之间的空隙，增强混凝土的密实性。骨料是混凝土中的粗颗粒材料，其主要作用是增加混凝土的强度和稳定性。水是混凝土中的溶剂，其主要作用是使混凝土的成分混合在一起，形成均匀的混合物。

目前，混凝土的组成和性能已经得到了广泛的研究和应用。随着科技的不断发展，混凝土的种类和性能也在不断地改进和完善。例如，高性能混凝土、自密实混凝土、自愈合混凝土、自清洁混凝土等新型混凝土已经被广泛研究和应用。此外，在水利水电建设行业，抗冲耐磨混凝土也是研究的热点之一，其对原材料的选择、配合比的优化设计、混凝土的抗裂性能和抗冲耐磨性能及施工便利性等各方面均提出了更高的要求。

#### 1.3.1.2 混凝土的性能和分类

1）混凝土的性能

混凝土是一种常用的建筑材料，其丰富的原料和低廉的价格赋予了它广泛的应用前景，被绝大多数工程所采用。混凝土具有抗压强度高、耐久性好、强度等级范围宽等特点。

（1）和易性。和易性是混凝土拌合物最重要的性能。混凝土具有易制作、易运输、易浇筑的特点，可以实现很多复杂的施工，如拱桥、壳体结构、高耸的铁塔等。混凝土较好的流动性是其易浇筑的重要原因。可以通过改变混凝土的胶凝材料的种类和比例来控制其流动性，混凝土的流动性越大，工程施工的范围也会更大。此外，混凝土选用不同的骨料、添加剂和掺合料，可以调节其强度和其他性能。

（2）强度。混凝土抗压强度大、抗剪强度高、抗渗透性和耐久性好，是混凝土硬化后最重要的力学性能。混凝土的强度可以通过使用高强度的胶凝材料、精心挑选骨料、使用促进凝胶、光滑面和增强筋等来实现。混凝土的抗压强度可达到40~50MPa，选用高强度混凝土可达到更高的强度。另外，混凝土的耐久性也是其鲜明的特性之一，混凝土的耐久性不仅取决于其本身的强度，还取决于其抗冻性、抗渗透性和抗化学侵蚀能力。混凝土可以被高浓度盐酸、硫酸所腐蚀和碱活性反应所破坏，在长期的使用中会产生裂缝，影响其使用效果，因此，抗龟裂、抗磨损性能是混凝土强度特性研究的重要方面。

（3）组成材料与结构。混凝土的主要组成材料是水泥、骨料和水。水泥是混凝土中的胶结材料，它满足了混凝土的硬化需求；骨料是混凝土中质量占最大比例的材料，占70%以上，其种类和质量会对混凝土的强度、抗冻性和抗磨性等特性产生影响；混凝土中的水扮演了促进凝胶的作用。而混凝土结构则是混凝土性能的重要关键，混凝土根据其内部结构和构造方式分为整体结构和板–筋结构，整体结构由大块的混凝土构成，板–筋结构则是由水泥板和钢筋构成，选择不同的结构组合方式可实现不同的强度、抗震性能和耐久性。

2）混凝土的分类

混凝土一般根据其用途和性能进行分类。例如，高强度混凝土用于需要承受高压力和重载的结构，如桥梁和高层建筑；自密实混凝土适用于浇筑量大、浇筑深度和高度大的工程结构，配筋密集、结构复杂、薄壁、钢管混凝土等施工空间受限制的工程结构和工程进度紧、环境噪声受限制或普通混凝土不能实现的工程结构。在桥梁、大坝的建设中可采用大体积的高强自密实混凝土，能够有效缩短工期，提高工程效率。

（1）高强度混凝土。高强度混凝土（High Strength Concrete，HSC）是一种具有极高抗压强度的混凝土材料。它的抗压强度通常在60MPa以上，甚至可以达到200MPa以上。HSC的出现，不仅为工程建设提供了更高的安全保障，而且还可以节约建筑材料，减少建筑成本，提高建筑物的使用寿命。

目前，HSC的研究主要集中在以下几个方面：

第一，对HSC的材料配合比进行研究。HSC的配合比是关键因素，它直接影响到混凝土的抗压强度、耐久性和施工性能，主要通过试验和模拟分析来确定HSC的最佳配合比。

第二，对HSC的力学性能进行研究。HSC的力学性能是评价其抗压强度、抗拉强度、弹性模量、剪切强度等指标的重要依据，主要通过试验和数值模拟来研究HSC的力学性能。

第三，对HSC的微观结构进行研究。HSC的微观结构是影响其力学性能的重要因素之一，主要通过扫描电镜、透射电镜等手段来研究HSC的微观结构。

HSC的应用范围广泛，涉及桥梁、隧道、高层建筑、核电站等领域。目前，主要通过实际工程应用和模拟分析来研究 HSC 的应用效果和适用范围。

（2）自密实混凝土。自密实混凝土能够在自身重力作用下实现流动、密实等特点，具有良好的均质性，且不需要附加振动。自密实混凝土最初是由日本学者在 1986 年提出，当时有日本部分学者倾向于将免振自密实混凝土作为新型混凝土的研制方向。

自密实混凝土主要减小粗骨料的体积和最大粒径，并严格控制细骨料的最大粒径，与普通混凝土相比较，自密实混凝土无需附加振动，具有良好的流动性和抗离析能力[2]。崔溦等[3]的模拟建模中证实了减少粗骨料的占比，增加细骨料的配合比相对比较稳定，离析现象也得到了良好的改善。张军等[4]分别对四种混凝土进行基本力学性能研究中也同样证实，轻骨料的自密实混凝土的强度高于普通混凝土。从环保层面上来说，自密实混凝土在现场操作时，其无需振捣的特性可以极大程度地减少工地现场所产生的噪声污染。

自密实混凝土为保证足够的黏聚性和流动性，其胶凝材料用量比例需提升，会在早期出现一系列开裂等问题。宣卫红等[5]在自密实混凝土中掺入再生塑料，并利用改进的 SHPB 系统评价塑料颗粒自密实混凝土的动态力学性能，证实在一定程度上可以减少混凝土的弹性模量并提升了冲击韧性，海然等[6]在自密实混凝土中掺入钢纤维增强粉煤灰，可以减少早期混凝土开裂等现象，具有一定的研究意义。

（3）泡沫混凝土。泡沫混凝土又称气泡混凝土，19 世纪 80 年代在欧洲首次研制成功。泡沫混凝土通常是采用机械方法首先将发泡剂水溶液制备成泡沫，然后再将已制得的泡沫和硅钙质材料、菱镁材料或石膏材料所制成的料浆均匀搅拌，经浇筑成型、养护而成的。

泡沫混凝土发泡机理有两种，分别为物理发泡和化学发泡。物理发泡是将预先生产的泡沫添加到混凝土浆体中，搅拌均匀，由于泡沫混凝土薄层存在某些活性物，能够将发泡剂产生的气体包裹住，混凝土硬化成形后从而形成气泡。化学发泡是在浆料中加入发泡剂并催化其发生化学反应产生气体，待混凝土硬化后气泡被固定在混凝土内部[7]。泡沫混凝土因为其特殊的发泡机理而具有轻质多孔的特性，相比于普通混凝土，其体积密度大约是普通混凝土的 20% 甚至更低，具有轻质性的特点。泡沫混凝土内部的多孔特性，有利于形成良好的热工性能，隔热效果更好并具有一定的抗冻性，在部分北部地区房屋外墙采用泡沫混凝土，可以有效形成保温层，同时还有着防水防火、抗压的特点。

泡沫混凝土主要由发泡原理养护而成，其性能取决于泡沫含量的多少，在生产时缺少一定的骨料成分，在某些程度上限制了泡沫混凝土的强度、稳定性和耐久性[8]。泡沫混凝土中气孔的形成到固定是一个由气体到液体再到固体的相系变化，其成型后的气孔间隙率和密度，以及变化过程中的温度、压力等其他因素，在对泡沫混凝土的自身特性和强度、耐久性具体的影响还有待进一步研究。

（4）纤维混凝土。纤维混凝土是纤维和水泥基料组成的复合材料的统称。在普通水泥中加入抗拉强度高、极限延伸率大、抗碱性好的纤维后，可以使混凝土具有高强度、高耐久的特性。纤维的添加使混凝土具有一定的抗裂性能，可控制混凝土裂纹的进一步发展。纤维混凝土的主要品种有石棉水泥、钢纤维混凝土、玻璃纤维混凝土、聚丙烯纤维混凝土及碳纤维混凝土、植物纤维混凝土和高弹模合成纤维混凝土等。

纤维混凝土的优良特性取决于添加纤维与混凝土的相互作用，以及添加纤维的类型、尺寸、密度等因素[9]，同时，纤维材料也需要良好的热稳性，才能保持纤维混凝土自身的性质和结构。传统纤维混凝土往往添加的是钢纤维和玻璃纤维等，玻璃纤维由于材料自身具有脆性与混凝土结合较困难，且在空气中暴露一段时间后，其强度和韧度会逐渐下降。丁点点[10]制备的耐碱性玻璃纤维含量为2%的纤维混凝土具有良好的抗压性和收缩性。钢纤维混凝土是在普通混凝土中掺入乱向分布的短钢纤维所形成的一种新型的多相复合材料，通过乱向分布的钢纤维，能够有效地阻碍混凝土内部微裂缝的扩展及宏观裂缝的形成，显著地改善了混凝土的抗拉、抗弯、抗冲击及抗疲劳性能，具有较好的延性，但是由于钢材料耐腐蚀性较差，其钢纤维混凝土耐久性较差。

玄武岩纤维混凝土采用玄武岩纤维配置混凝土，在混凝土搅拌、浇筑成型时，对混凝土无不良影响，且能改善混凝土的黏聚性和稳定性；在混凝土中掺入玄武岩纤维，提高了混凝土的抗冲击性能、抗渗性能、抗冻融循环能力、抗收缩能力和耐久性能，降低其脆性，可以用于道路路面及桥面层工程中，能改善混凝土的力学性能；无机的玄武岩纤维与有机的聚丙烯纤维、聚丙烯腈纤维相比，抗老化的性能更佳，因此，玄武岩纤维混凝土是一种有代表性的高性能混凝土。尽管使用纤维后会使单方混凝土的成本有所增加，但考虑到掺入纤维后的混凝土使用性能的改善，使用寿命延长，综合成本下降。

现阶段，纤维混凝土多采用混杂纤维，即将不同类型和尺寸的纤维与混凝土混杂，来改善单一纤维混凝土的欠缺之处[11]。纤维混杂不仅可以改善自身单一的特性，同时也可以相互作用、相互提升[12]。PVA纤维混凝土具有较高的抗拉与抗弯极限强度，尤以韧性提高的幅度为大，曹瑞东和惠存等[13-14]分别对PVA混凝土和玄武岩-PVA纤维混凝土的实验对比，复合型纤维混凝土的强度和韧度得到明显的增强。

（5）再生混凝土。再生混凝土是指将废弃的混凝土块经过处理后，按一定比例与级配混合，部分或全部代替砂石等天然集料（主要是粗集料），而配制成的新混凝土。再生混凝土按集料的组合形式，可以有以下几种情况：集料全部为再生集料；粗集料为再生集料，细集料为天然砂；粗集料为天然碎石或卵石，细集料为再生集料；再生集料替代部分粗集料或细集料。

再生混凝土的应用可以将一些废弃材料得到二次利用，且减少砂砾等一些不可再生资源的消耗，符合环境保护与可持续发展战略目标[15]。再生混凝土的抗压强度、抗拉强度、抗折强度等性能取决于再生集料的类型和处理方法。再生混凝土中添加的再生集料，由于其自身材料的缺点会使再生混凝土产生一定的缺陷，往往需要对再生集料进行强化处理，来提高再生集料的特性，强化处理可分别从机械活化、酸液活化、化学浆液处理和水玻璃溶液处理4个方面来进行。机械活化是去除附着于再生集料颗粒表面的多余水泥。酸液活化是将再生集料放置于酸料中，利用其中发生的化学反应而改善再生集料自身的性能。化学浆液处理是利用浆液对再生集料进行浸泡，再干燥处理来提升再生集料的质量。水玻璃溶液处理是把水玻璃填充到再生集料制造中产生的孔隙，来提高再生集料的密度，进而改善再生混凝土整体的性能。

通过总结国内现有的研究成果，再生混凝土的力学性能在经过上述强化处理后，可以满足当今工程建设的实际要求。将粉煤灰、纤维和高炉渣等成分掺入再生混凝土中，也可起到提升再生混凝土性能的作用[16]。

再生集料的自身性质使再生混凝土内部反应不均匀、结构疏松及新旧界面黏结强度较低等缺陷。秦善勇等[17]实验得出再生集料的掺入量对再生混凝土的强度等性能有显著提升。后期研究可通过对再生集料改性或再生混凝土配合比改良来改善一系列缺陷，这是一个可以重点研究的方向[18]。

#### 1.3.1.3 混凝土的应用领域和发展趋势

混凝土作为一种抗压强度高、耐久性好的建筑材料，其应用领域非常广泛。在建筑领域，混凝土主要用于建造房屋、公共设施、工业厂房、商业建筑等；在道路和桥梁领域，混凝土主要用于铺设道路、建造桥梁、隧道和地下通道等；在地下工程领域，混凝土主要用于建造地下隧道、地下室、地下车库等；在水利领域，混凝土主要用于建造水坝、水渠、水库等。

随着社会的不断发展，混凝土的应用领域也在不断拓展。在建筑领域，随着人们对建筑品质和绿色环保的要求越来越高，混凝土的应用也将更加注重环保、节能和可持续发展；在道路和桥梁领域，随着交通运输的不断发展，混凝土的应用也更加注重耐久性和安全性；在地下工程领域，混凝土的应用也将更加注重地下空间的合理利用和环保；而在水利领域，混凝土的应用也将更加注重抗裂、耐久性和抗冲耐磨效能。

### 1.3.2 抗冲耐磨混凝土的研究现状

#### 1.3.2.1 抗冲耐磨混凝土的定义

随着人们对建筑材料性能的要求越来越高，抗冲耐磨混凝土成为建筑材料领域的一个热门话题。抗冲耐磨混凝土是指在受到冲击或磨损时，能够保持其结构完整性和功能不受影响的混凝土。这种混凝土通常用于需要承受高压和高磨损的工程项目中，如水坝、机场跑道、高速公路、码头等。

抗冲耐磨混凝土因应用场景的特殊性，具有以下几个特点：

（1）强度和硬度相比普通混凝土高出很多，能够承受更大的压力和冲击力。

（2）在长期使用过程中，能够保持其原有的性能和功能，不会因为受到外界环境的影响而产生质量问题。

（3）抗冲耐磨混凝土的表面硬度很高，能够有效地抵抗磨损和刮擦，从而延长其使用寿命。

（4）抗冲耐磨混凝土能够在低温环境下保持其强度和硬度，不会因为受到冻融循环的影响而产生质量问题。

#### 1.3.2.2 抗冲耐磨混凝土的性能指标和测试方法

1）抗冲耐磨混凝土的性能指标

抗冲耐磨混凝土的性能指标主要包括但不限于抗压强度、抗冲击性能、耐磨性能、抗裂性能等。其中，抗冲击性能和耐磨性能是抗冲耐磨混凝土的重要性能指标，它们直接关系了混凝土的使用寿命和性能表现。

（1）抗压强度是指衡量混凝土抵抗压力的能力，它是混凝土的基本性能之一，也是衡量混凝土质量的重要指标之一。混凝土抗压强度标准值是将混凝土制成边长为150mm的立方体试块，然后在标准养护室中养护28d，测得的强度值。标准养护室，是指温度为20℃，上下温差不能超过2℃，湿度为95%以上的环境，因此，根据混凝土等级不同，有以下十种情况。

① C15等级：在标准养护环境中，抗压强度需达到15MPa以上，或者每平方毫米能够达到15N以上；

② C20等级：在标准养护环境中，抗压强度需达到20MPa以上，或者每平方毫米能够达到20N以上；

③ C25等级：在标准养护环境中，抗压强度需达到25MPa以上，或者每平方毫米能够达到25N以上；

④ C30等级：在标准养护环境中，抗压强度需达到30MPa以上，或者每平方毫米能够达到30N以上；

⑤ C35等级：在标准养护环境中，抗压强度需达到35MPa以上，或者每平方毫米能够达到35N以上；

⑥ C40等级：在标准养护环境中，抗压强度需达到40MPa以上，或者每平方毫米能够达到40N以上；

⑦ C45等级：在标准养护环境中，抗压强度需达到45MPa以上，或者每平方毫米能够达到45N以上；

⑧ C50等级：在标准养护环境中，抗压强度需达到50MPa以上，或者每平方毫米能够达到50N以上；

⑨ C55 等级：在标准养护环境中，抗压强度需达到 55MPa 以上，或者每平方毫米能够达到 55N 以上；

⑩ C60 等级：在标准养护环境中，抗压强度需达到 60MPa 以上，或者每平方毫米能够达到 60N 以上。

（2）混凝土的抗冲击能力是指其能够承受外力冲击而不发生破坏的能力。混凝土的抗冲击能力主要包括抵抗混凝土惯性作用、弹性变形、塑性变形等。内部骨料能够吸收部分冲击能量并分散到整个混凝土结构中。

（3）耐磨性能是指混凝土在受到磨损时的抵抗能力。该项性能指标也是能预测混凝土在受到磨损时的表现，在路面、桥梁等交通设施的工程应用中尤为重要。材料的磨损与作用面的垂直荷载和滑动距离成正比，而与材料的屈服应力成反比[19]。

（4）抗裂性能是指混凝土在受到拉力时的抵抗能力。在建筑结构中，可以预测混凝土在受到拉力时的表现。混凝土抗裂性与混凝土的抗拉强度、混凝土徐变成正比，与混凝土的弹性模量、线膨胀系数、混凝土温升、混凝土收缩（干缩和自生体积变形）成反比。

2）抗冲耐磨混凝土的性能指标测试方法

目前，针对抗冲耐磨混凝土性能指标的测试方法，主要包括抗压强度测试、冲击试验、磨损试验、裂缝宽度测试等。这些测试方法的选择应根据具体情况进行，以确保测试结果的准确性和可靠性。

（1）抗压强度测试的几种常用方法，包括标准试块法、钻芯法、回弹法、超声检测法等。

① 标准试块法。标准试块法是检测混凝土强度的一种最基本、最常用的方法，且具有直观性和经济合理性。对混凝土强度进行试块检测，能够对混凝土强度等级进行判定，是混凝土结构实体强度等级的重要依据，该方法在大量的质量验收检验中占据十分重要的位置。但该方法还存在一些缺点，具体表现在以下几个方面：（a）当混凝土试块出现较大离差或者丢失时，将难以对混凝土结构进行准确的判定；（b）因试块与混凝土整体在制作、振捣、养护等方面存在一定的差异，导致在某些情况下，试块不能对所代表的构件强度进行客观地反映；（c）倘若混凝土构件出现内部缺陷、蜂窝、漏振等现象，试块将无法对构件的整体强度进行正确的反映。

② 钻芯法。钻芯法的基本原理是在对具有代表性的混凝土结构中进行芯样钻取，并进行锯切、磨平等整理加工，之后对其抗压强度进行测定。一般强度在 10MPa 以上、龄期超过 14d 的混凝土均可采用钻芯法进行强度检测，但钻取芯样会对混凝土结构造成一定的影响，所以，为了保障混凝土结构的性能，需要先征得设计方的同意，才可使用该方法。需要注意的是，芯样的尺寸、取芯的数量、部位等都要符合具体的规定要求。另外，钻芯法可以对混凝土局部破损情况进行有效检测，真实、可靠地反映试件的情况。同时，通过对芯样的观察、检测研究等，能够了解和掌握局部混凝土的内部情况，

如骨料的分布情况、裂缝的大小等。但该方法也存在一定的缺点，即劳动强度大、检测费用高，且会对结构造成一些损伤等。

③ 回弹法。回弹法是指借助回弹仪对混凝土表面的硬度进行测定，从而对混凝土的抗压强度进行推定的一种方法，可以在不破坏结构构件的基础上，通过回弹仪对结构物的混凝土强度进行检测，从而对混凝土强度、钢筋位置、缺陷等进行推定。回弹法具有简便灵活、检测效率高、费用低等特点。但是，与试块法、钻芯法相比，其精度相对较差。运用回弹法进行混凝土强度测定的过程中，需借助一些测强曲线，从而对强度进行有效的判定。对于一些特殊部位的混凝土或采用特殊成型工艺制作的混凝土，还需要通过专用的测强曲线进行相应的检测，从而保障检测结果的有效性。需要注意的是，如果混凝土受外界因素（火灾、冻伤、化学腐蚀等）的影响，导致表面与内部质量存在较大的差异，混凝土的强度检测不能采用该方法。

④ 超声检测法。超声检测法可以检测混凝土的密实度、匀质性、裂缝深度、表面损伤层厚度等指标，并且做出较为准确的判定，因此，该方法得到了各个行业的广泛应用。在运用该方法的过程中，由于存在较多影响声速的因素，如水泥用量、水泥品种、骨料的品种和粒径、含水率、含砂率等，加之不同材料的龄期和含水率不同，声音的传播速度会存在差异，使混凝土强度测定结果的可靠性难以保障。为此，现阶段通常将超声法与回弹法进行综合使用。

（2）混凝土的抗冲击性能是指在反复冲击荷载作用下，材料吸收动能的能力。在混凝土抗冲击性能测试中，常用的方法包括分离式霍普金森压杆（SHPB）法、夏比（Charpy）摆锤冲击法、爆炸冲击试验（explosive test）、射弹冲击试验（projectile impact test）和落锤冲击试验（drop-weight test）。其中，最为常用的是分离式霍普金森压杆（SHPB）法和落锤冲击法。

① 分离式霍普金森压杆（SHPB）法。SHPB试验的理论基础是一维弹性应力波理论，并以两个基本假设为前提的，分别为：

一维应力波假设：将钢质压杆看作弹性材料，当应力波在其中传播时，压杆处于弹性状态，忽略压杆的应变率效应，并选择合适的压杆长度和直径，以此来忽略惯性效应。因此，可以将应力波在传播时看作没有发生畸变的一维平面弹性波，使得压杆表面应变片测试位置的轴向变形等价于整个截面的轴向变形，从而可以得到混凝土试件的应力－应变曲线。

均匀性假设：因为试件较短，应力波在试件中的传播试件远小于其加载试件，所以认为试件的应力、应变沿其长度方向均匀分布。并且试件的应变是由试件两端面的位移推导得到的平均应变，试件只有在均匀应力作用下发生均匀变形，此时平均应力和平均应变才能代表材料的真实性能。

该方法测试过程简单、数据可靠、试验结果具有可重复性。同时，SHPB法还可以在短时间内获得材料的应力－应变关系曲线，对于研究材料的动态响应和破坏机理具有重要意义。然而，该方法也存在一些缺点，例如需要较高的实验技术水平和设备成本，试验结果受到材料的几何形状和尺寸等因素的影响较大。

② 夏比（Charpy）摆锤冲击法。混凝土材料的夏比摆锤冲击方法来源于金属材料，摆锤从不同的高度落下，利用能量原理来反映材料的冲击性能。摆锤冲击试验机一般由机架、摆锤、操纵机构和电控系统等组成，试件的样式有光滑和缺口两种形式，冲击力作用在试件的中部。该技术常伴有谐波干扰，以及能量值受试件尺寸大小的影响较大等缺点，因此，使用该方法研究混凝土材料的学者较少。

③ 爆炸冲击试验。爆炸冲击试验是一种模拟实际工程中可能出现的爆炸载荷，评估混凝土结构的抗冲击性能的试验方法。其原理是利用炸药或爆炸产生的冲击波作用于混凝土试件，通过观察试件的破坏模式、残余变形等参数来评估混凝土结构的抗冲击性能。

爆炸冲击试验一般包括室内爆炸试验和室外爆炸试验。其中，室内爆炸试验是常用的一种方法。其试验原理是将炸药放置在混凝土试件内部，通过控制炸药的量和位置，来模拟不同的爆炸载荷。通过记录试件受到爆炸载荷时的应力应变状态等参数，来评估混凝土的抗冲击性能。

④ 射弹冲击试验。射弹冲击试验属于高速率冲击试验方法，通常用于混凝土板抗冲击性能的测试，并以高压气体（如氮气、氦气和氢气等）为驱动力，使子弹以高速率冲击混凝土板，产生的应力波被信号采集仪接收，根据波形的信息、子弹的侵彻深度及弹坑直径等，对混凝土材料进行动态性能的分析。

射弹冲击试验装置具有工作原理简单、适应能力强及应变速率范围广等特点，但是该装置仅能用于平面应变试验，并且对测试技术和仪器要求高，试验成本昂贵。试验在混凝土试件发生破坏时，伴有试件的崩碎和飞溅等现象，具有一定的风险和危险性，并且在模拟建筑物爆炸冲击时，其危险性更大。

⑤ 落锤冲击法。落锤式冲击法是一种常用的混凝土抗冲击性能测试方法。其原理是通过将钢球或落锤从一定高度自由落下，使其以一定的速度撞击混凝土试件，从而模拟混凝土在受到外力冲击时的情况。通过测试钢球或落锤的落下高度和冲击后混凝土试件的破坏情况，可以得到混凝土的抗冲击性能指标。

落锤式冲击法的优点是操作简便、成本低廉、测试结果准确可靠。同时，该方法还可以用于不同类型和规格的混凝土试件的测试，具有较好的通用性。但落锤式冲击法也存在一些局限性，首先，测试结果受到试件尺寸和形状的影响，因此需要在测试前对试件进行标准化处理；其次，落锤式冲击法只能测试混凝土的抗冲击性能，不能测试其他性能指标。

（3）混凝土抗裂性能测试是评价混凝土抗裂性能的重要方法之一，在建筑、桥梁、隧道等工程中，混凝土的抗裂性能直接关系到工程的安全性和使用寿命。常见抗裂性能测试方法包括平板法收缩抗裂试验、圆环约束试件法及单轴约束法等。

① 平板法收缩抗裂试验。平板法收缩抗裂试验通过测量混凝土在干燥过程中收缩的程度，来评估其抗裂性能。具体的测试过程包括制备一块混凝土样品，将其放置在恒温恒湿的环境中，测量样品在不同时间点的长度变化，然后根据变化曲线计算出混凝土的收缩率和抗裂指数。

程攀等[20]依据《ASTMC1597 纤维混凝土受约束状态下塑性收缩开裂评估标准测试方法》，对混凝土平板试件浇筑、振实、抹平后，移入恒温恒湿干燥室，在风速（5 ± 0.5）m/s、温度（20 ± 2）℃、相对湿度（60 ± 5）% 的环境中放置 72 h，每隔 4 h 记录缝条数，并测量各条裂缝的宽度和长度。以混凝土试件搅拌加水后 24 h 的测量结果作为混凝土的抗裂指标。

该方法能够准确测量混凝土在干燥过程中的收缩程度，并据此计算出混凝土的收缩率和抗裂指数。此外，该方法操作简单，易于实施，且能够评估混凝土的质量和耐久性。然而，平板法收缩抗裂试验法也存在局限性，该方法只能评估混凝土在干燥过程中的抗裂性能，需要较长时间的试验过程，因此会增加试验成本和时间。

② 圆环约束试件法。圆环约束试件法通过考察受约束的混凝土圆环试件在规定的养护条件下的开裂趋势，来评价混凝土的抗裂性。该方法也可用于评价影响混凝土开裂趋势的各种变量，如不同的水泥品种、掺合料、外加剂及其掺量和水灰比(水胶比)等。该方法经过改进，也可用以评价其他影响混凝土开裂的因素，例如：养护时间、养护方法、蒸发速率和温度等。此外，试件的尺寸及养护条件也可以根据具体情况改变。

具体试验方法如下所述：首先，在准备好的试模内部涂抹矿物油，以便于试件养护成型后脱模；其次，将需要的水、水泥、砂、骨料称量好，采用人工或搅拌机进行搅拌，搅拌均匀后将混凝土浇筑在准备好的试模内部；然后，立即采用机械振捣或人工振捣的方法使试件振捣密实，以排除气泡；最后，将成型试件放置入养护室进行养护。

由于试件被固定在圆环内，可以确保试件在加载过程中保持稳定，从而减少了误差，有效提高了性能测试精度。此外，该方法还可以测量多种不同的力学参数，如应力、应变、弹性模量等，从而提高了测试的精度和准确性。该方法缺点主要表现在需要使用专门的设备和工具，包括圆环、压力传感器、加载机等，因此成本较高，该方法还无法测试材料的疲劳性能，因为试件在加载过程中无法产生疲劳循环。

③ 单轴约束法。单轴约束法也称棱柱体法，是一种普遍采用的研究收缩开裂的试验方法。该方法是使用钳式的模具约束较大的端部，提供终端约束，同时测试时间收缩引发的拉应力。

由于试样在单一方向上受到约束，试验结果更加准确和可重复测试。此外，这种方法可以测试不同类型的材料，包括金属、塑料和复合材料等。这种方法缺点主要表现在只能测试单轴载荷下的裂纹扩展和破坏特性，而不能测试其他载荷下的特性；该方法需要处理试样的边缘效应，这可能会影响测试结果的准确性。

#### 1.3.2.3 抗冲耐磨混凝土的技术应用领域和发展趋势

抗冲耐磨混凝土作为一种新型的混凝土材料，具有很高的耐磨性和抗冲击性能，被广泛应用于各种工程领域。

道路建设领域。由于道路上车流量大，车辆经过会对路面造成摩擦和冲击，道路容易造成损耗。使用抗冲耐磨混凝土能大大延长道路的使用寿命，减少维修和更换的成本。抗冲耐磨混凝土还可以用于机场跑道、停车场和港口码头等场所的建设，以提高这些场所的使用寿命和安全性。

桥梁建设领域。更注重桥梁的承载能力和安全性，抗冲耐磨混凝土可以提供更好的耐久性和抗冲击性能，从而保证桥梁的可靠性和安全性。

水利水电建设领域。因磨损冲击与空蚀对水利水电设施如水工泄水建筑物等造成破坏较大，尤其是当水流流速较高、水流中挟带沙石等磨损介质时，这种破坏更为严重，许多学者就抗冲耐磨混凝土在水电建设中的技术应用开展了大量研究。

（1）硅粉混凝土。硅粉混凝土具有较高的抗压强度、良好的抗磨性能及防渗等性质。湖南鱼潭大坝、白石水库和美国肯尤阿坝消力池都曾应用硅粉混凝土，以抵抗高速含砂洪流的冲磨作用。

（2）聚丙烯纤维混凝土。聚丙烯纤维混凝土与普通混凝土相比较，聚丙烯纤维混凝土的脆性指数和弹性模量降低，极限拉伸变形增大。这些特征有利于提高混凝土的延性，改善混凝土变形性能，进而有效地约束混凝土裂缝的扩展，提高混凝土开裂后的承载能力。李光伟等[21]试验发现，掺 0.6kg/$m^3$ 聚丙烯纤维时，混凝土的抗冲磨强度可提高 37%~40%。Mindess 等[22]研究表明，当聚丙烯纤维掺量为 0.6kg/$m^3$、0.9kg/$m^3$ 和 1.2kg/$m^3$，与水泥用量相同的普通高强混凝土相比，抗冲磨强度分别提高了 33%、49% 和 58%。聚丙烯纤维混凝土能耐酸、碱、盐等化学腐蚀，密度小、成本低，可有效地抑制混凝土的塑性裂缝，改善混凝土的抗冲磨、抗渗、抗冻等性能，在水利工程中应用较多。

（3）铁钢沙混凝土。铁钢沙混凝土最初被用于火电厂输煤溜槽护面，近年来以其优异的力学性能和较高的抗磨损抗冲击性能，在工程上的应用范围日益扩大。如漫湾水电站 1 号导流洞进口段底板和底部边墙衬护、宝珠寺水电站水垫塘底板等工程，应用铁钢沙混凝土或沙浆作表面抗磨层材料，均获得了较满意的效果。铁钢沙作为骨料，其硬度远远高于普通天然砂石的硬度。铁钢沙混凝土的抗拉和抗压强度大，干缩率小，抗冲磨强度较高，其抗冲耐磨性能随着强度的增加而加强。铁钢沙混凝土还克服了一般抗冲耐磨混凝土早期强度低的缺点，避免因寒潮或干缩等引起的裂缝[23]。

（4）HF 混凝土。HF 混凝土是一种符合以防为主、兼顾优良的抗磨抗空蚀性能，又能够满足高速水流脉动压力和动水压力作用，保持自身稳定要求的新型护面材料。HF 混凝土胶凝材料与骨料之间结合力的提高，其两者强度差异减小，HF 混凝土形成一个相对的均质材料体，不易产生应力集中破坏。由于HF混凝土强度的提高，抗蚀性能增强，在空蚀和磨损作用下，整个表面基本上被均匀磨损，形成比较光滑的表面，不会出现因胶凝材料和砂浆被磨掉，骨料外露引起空蚀破坏而导致的再生不平整度[24]。因此，HF混凝土具有良好的抗冲耐磨、抗空蚀的性能。HF混凝土曾应用于二滩泄洪洞护面工程，效果良好。

## 1.3.3 灰岩骨料抗冲耐磨混凝土的研究现状

### 1.3.3.1 骨料的特点及应用

混凝土是一种复合多相材料，它是由水泥浆、骨料、水泥浆与骨料基体的黏结界面三相组成，骨料是混凝土的重要组成部分，是影响混凝土强度和变形的重要因素。

用于混凝土的骨料（又称集料），其颗粒大小的范围可从上百毫米到百分之几毫米。在配制优质混凝土时，通常采用两组或更多组由不同大小颗粒组成的骨料，即细骨料和粗骨料。细骨料俗称砂，一般指粒径小于5mm的混凝土骨料，按其形成条件可分为天然砂、人工砂：按细度模数FM分为粗砂（FM=3.7~3.1）、中砂（FM=3.0~2.3）、细砂（FM=2.2~16）、特细砂（FM=l.5~0.7）。粗骨料一般指粒径大于或等于5mm的混凝土骨料，在自然条件作用下形成的粗骨料称为砾石粗骨料，由天然岩石、卵石或砾石经破碎筛分而获得的粗骨料称为人工粗骨料。水工混凝土所用的粗骨料一般分为特大石（150~80mm或120~80mm）、大石（80~40mm）、中石（40~20mm）和小石（20~5mm）四级。

骨料按其成因可分为天然骨料和人工骨料，其中，天然骨料指自然界中的岩石经风化、剥蚀等多种地表作用，发生破碎分离而成大小不一的砂石颗粒，如河砂、河卵石、山砂、山卵石、海砂、海卵石等，目前工程中常用的天然骨料主要为河砂和河卵石，近年来也有部分工程的非重要部位结构混凝土中应用了经净化处理后的海砂，有关部门已编制行业规范JGJ 206—2010《海砂混凝土应用技术规范》用于指导海砂混凝土的应用。

人工骨料是指岩石经过机械设备加工后得到的混凝土骨料。可作为人工砂石料源的岩石包括沉积岩，如灰岩、白云岩、砂岩等；岩浆岩，如花岗岩、玄武岩、正长岩、辉长岩、流纹岩等；变质岩，如石英岩、石英砂岩、片麻岩、大理岩、角闪岩等。

骨料的种类繁多，其骨料特性对高强混凝土的性能影响极为重要，适宜的骨料可在高强混凝土中有效起到骨架支撑和抵抗变形作用，对于提升高强混凝土性能效果显著。如葛洁雅等[25]采用煤矸石粗骨料代替传统粗骨料，研究了不同煤矸石粗骨料掺量对混凝土性能的影响，发现掺量为50%可有效改善其力学性能及耐久性能。姚源等[26]采用砖渣粗骨料替代普通粗骨料制备了再生砖渣混凝土，针对不同水胶比、掺合料种类及掺量对混凝土性能的影响规律进行对比分析。李书明等[27]研究了粗骨料对普通自密实混凝土和自密实轻骨料混凝土性能的影响规律，轻骨料混凝土的抗冻性能优于普通混凝土，轻骨料混凝土的耐久性能较优。黄伟等[28]发现不同骨料形状组合混凝土的抗压强度和劈拉强度相差比较小，且与形状参数变化关系不明显。杨鹏辉[29]发现卵石作为粗骨料更有助于提升高强混凝土的工作性能，玄武岩碎石和大理岩碎石作为粗骨料有助于增强混凝土的抗压强度，石灰石作为粗骨料更有助于增强混凝土的抗拉强度，石灰石碎石和玄武岩碎石作为粗骨料，对于高强混凝土的收缩性能改善效果较优。

#### 1.3.3.2 灰岩的特点和应用

灰岩（Limestone），俗称石灰岩，是一种沉积岩。灰岩几乎由纯的方解石构成，其他成分的总含量常在 5% 以下，其中较为常见的是黏土矿物、石英粉砂、铁质微粒、海绿石、有机质等。在与砂岩过渡的灰岩中可含较多陆源碎屑，白云石化会使白云石含量增加。

灰岩的颜色随所含杂质而不同，含黏土或氧化铁等杂质的石灰岩呈灰色、浅黄或浅红色。当有机质含量多时，成深灰以至黑色。硅质石灰岩强度高、硬度大、耐久性好。大部分石灰岩质地细密、坚硬、抗风化能力强。我国是世界上石灰岩资源丰富的国家之一，石灰岩资源分布范围相当广泛，岩性均一，储量大，质量优，每个地质时代都有沉积。全国各地都有产出，我国查明的石灰岩矿产地 2000 余处，有近 1400 个矿区，储量近 600 亿 t，其中，建筑用石灰岩超过 10 亿 $m^3$。

灰岩易于开采加工，广泛用于建筑基础、混凝土及制品、普通公路、普通铁路及墙体工程。

#### 1.3.3.3 抗冲耐磨混凝土骨料选用情况

混凝土的骨料是影响混凝土性能的重要因素之一，正确选择抗冲耐磨混凝土骨料，对混凝土性能的提高具有重要作用。

目前，国内外常用的抗冲耐磨混凝土骨料主要包括天然石料、人造石料、钢渣、陶粒等。其中，天然石料是最常用的骨料之一，其性能稳定，价格相对较低，但在抗冲击性能方面稍逊于其他骨料。人造石料是一种新型的骨料，具有高强度、高硬度、高耐久性等特点，但价格较高。钢渣是一种由钢铁冶炼过程中产生的废渣，具有高硬度和高强度，但其颗粒形状不规则，易造成混凝土裂缝。陶粒是一种轻质骨料，具有低密度、高强度、耐久性好等特点，但价格较高。

在水电建设行业，骨料的选择更应综合考虑骨料性质和获取方式等因素。如范庭梧[30]等发现新疆乌斯通沟水库导流洞采用 HF 抗冲耐磨混凝土相比传统的硅粉抗冲耐磨混凝土，具有施工快捷方便、施工难度较小、减少人工投入等优点，流动性、黏聚性、和易性优于硅粉抗冲耐磨混凝土，其骨料选用则来自新疆乌斯通沟河道下游 C1 料场的原材料，C1 料场主要为砂岩、花岗岩及少量石英，岩性较坚硬，无软弱颗粒。

为充分利用某水电站工程附近的攀钢高钛重矿渣，叶新等[31]对采用攀钢高钛重矿渣粗骨料的抗冲耐磨混凝土各项性能展开了试验研究，试验成果表明，采用攀钢高钛重矿渣粗骨料的抗冲耐磨混凝土性能满足设计技术要求，并且能提升混凝土的抗冲磨强度。

成小东和张丽英[32]在研究开敞式溢洪道抗冲耐磨混凝土配合比设计及施工时发现，抗冲磨强度主要来自于混凝土中的骨料抗冲磨性能，骨料选取时应优先选用强度高、压碎值小的骨料。

郭新强在溢流面抗冲耐磨混凝土中掺硅粉的试验研究中，选用细骨料为天然中砂、黄砂，粗骨料为天然花岗岩，分 5~20mm、20~40mm、40~80mm 三种粒级作为试验原材料，试验证明混凝土配合比中掺入锂硅粉，可以提高混凝土的抗裂性能。

综上所述，抗冲耐磨混凝土骨料的选用是影响混凝土性能的重要因素之一。选用适合的骨料可以提高混凝土的抗冲击和耐磨损性能，同时也可以减少混凝土的开裂和变形等问题。因此，在建筑工程中应根据具体情况选择合适的骨料，以保证混凝土的性能和质量。

## 1.4 研究内容

在充分了解抗冲耐磨混凝土的主要作用和施工过程中的难点基础上，借鉴传统抗冲耐磨混凝土的原材料和外加剂组成，考虑低热水泥水化温升低、硅粉掺入后混凝土易干裂且不利于施工和养护等特点，探索一种适合向家坝水电站现场施工用的抗冲耐磨混凝土并可推广使用，为水工消能建筑物的设计施工提供借鉴。

### 1.4.1 原材料及掺合料对混凝土性能的影响研究

通过掺加不同的原材料，研究其对混凝土性能的影响。在硅粉混凝土、粉煤灰混凝土两个基准配合比基础上，分别掺入不同剂量的合成纤维、减缩剂、减缩型减水剂、膨胀剂、JM−PCA Ⅲ减水剂、低热水泥等原材料，研究各原材料对混凝土坍落度、含气量损失、抗压强度、劈拉强度、拉伸性能、干缩率、自生体积变形、绝热升温性、抗冻性、抗冲磨性及抗裂性能的影响；选用 4 种硅粉，比较不同硅粉对混凝土强度、干缩率、抗裂性能的影响；选用 10%、20%、30% 和 40% 粉煤灰掺量，在同强度等级、同胶凝材料用量的情况下，比较不同粉煤灰掺量及抗冲磨剂对混凝土坍落度、含气量损失、抗压强等性能的影响，进而分析比选出向家坝水电站抗冲耐磨混凝土材料的推荐组合方案。

### 1.4.2 泵送混凝土性能试验研究

选用中热和低热两种水泥，泵送混凝土的坍落度控制在 14~16cm，含气量控制在 3.0%~4.0%，骨料级配中石：小石 =50 ：50，砂率 41%。经过试拌，确定中热水泥泵送混凝土的配合比。在此基础上，把水泥品种换为低热水泥，通过调整减水剂和引气剂的掺量，使两种水泥配制的混凝土的坍落度、含气量和胶凝材料总量保持一致。试验采用不同试验组合，比较其对泵送混凝土性能的影响，进而分析出不同施工情况下泵送混凝土的推荐方案。

## 1.5 研究方法

研究方法主要包括查阅资料法和试验研究法，通过收集资料、阅读文献来快速了解目前的研究进展，通过具体试验获得数据成果，以期更准确地对研究内容进行分析和评价。

# 第2章 混凝土试验设计

## 2.1 材料性能

### 2.1.1 水泥

水泥是粉状水硬性无机胶凝材料，水泥主要由石灰石、白云石、铁矿石和硅铝土等原料经过破碎、混合、烧成等工序制成。水泥是混凝土和砂浆等建筑材料的主要成分之一，能够增强混凝土和砂浆的硬度、耐久性、抗压性和抗冻性等力学性能，同时还具有很好的可塑性和可加工性。

1）水泥分类

水泥在配制混凝土中的作用是通过与水进行化学反应而具有凝结硬化的性能，因而也称之为水硬性水泥。水泥有多个品种，按其水硬性物质分为硅酸盐系水泥（硅酸盐系列水泥分类见图 2–1）、铝酸盐系水泥、硫铝酸盐系水泥等。其中，硅酸盐系列水泥产量最大，应用最广泛，按其用途和性能又可分为通用水泥、专用水泥和特性水泥三大类。通用水泥是指土木工程中大量使用的一般用途水泥，主要是指硅酸盐系列水泥，而专用水泥是指有专门用途的水泥（如砌筑水泥、道路水泥等），特性水泥则是指某种性能比较突出的水泥（如快硬水泥、抗硫酸盐水泥、低热水泥、中热水泥、白色水泥、彩色水泥等）。

在混凝土中，水泥硬化时所释放的热量通过热传导方式传递到外部，但是，混凝土传导率低，内部热量释放较慢，而表面冷却较快。对于大体积混凝土，往往造成内外温差达几十摄氏度，使混凝土处于外部收缩而内部膨胀的状态，很容易导致其开裂。因此，需要低水化热的水泥来满足工程要求。低热和中热水泥都是水化热较低的水泥，按组成可分为：中热硅酸盐水泥、低热硅酸盐水泥、低热矿渣硅酸盐水泥和低热微膨胀水泥等。

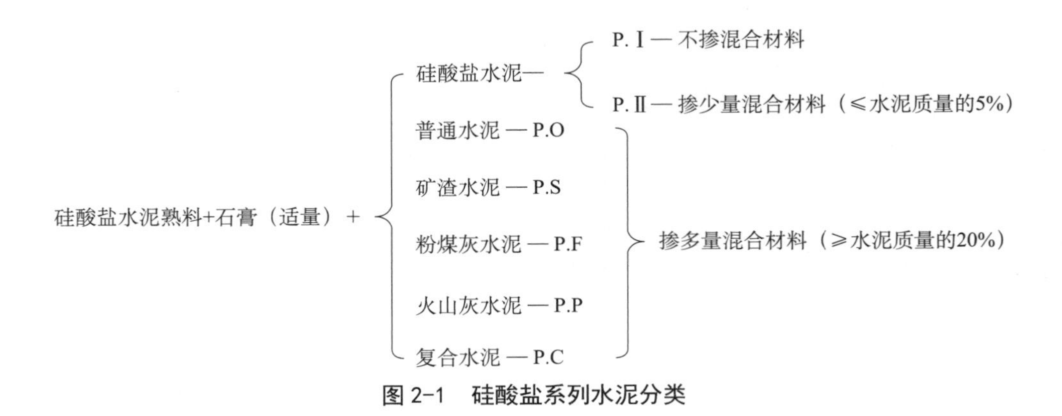


图 2-1　硅酸盐系列水泥分类

中热硅酸盐水泥是常用的大坝水泥的一种，是指由适当成分的硅酸盐水泥熟料加入适量石膏，经磨细制成的具有中等水化热的水硬性胶凝材料。强度等级为 42.5 等级，是根据其 3d 和 7d 的水化放热水平和 28d 强度来确定的。中热水泥在水工水泥中的比例约为 30%，是我国用量最大的特种水泥之一，是三峡工程水工混凝土的主要胶凝材料。中热水泥具有水化热低、抗硫酸盐性能强、干缩低、耐磨性能好等优点。

低热硅酸盐水泥是以适当成分的硅酸盐水泥熟料加入适量石膏，经磨细制成的具有低水化热的水硬性胶凝材料。低热硅酸盐水泥是一种以硅酸二钙为主导矿物，铝酸三钙含量较低的水泥。生产该品种水泥具有耗能低、有害气体排放少、生产成本低的特点。经大量研究和实验证实，该品种水泥具有良好的工作性、低水化热、高后期强度、高耐久性、高耐侵蚀性等通用硅酸盐水泥无可比拟的优点。低热硅酸盐水泥的水化热低，3d、7d 水化热比中热水泥低 15%~20%，而且水化放热平缓，峰值温度低。其早期强度较低，但后期强度增进率大，28d 强度与硅酸盐水泥相当，3 个月至 2 年龄期强度高于普通硅酸盐水泥 10~20MPa，实现了水泥性能的低热高强。研究和应用结果表明，低热硅酸盐水泥所配制的混凝土后期强度远高于中热硅酸盐水泥混凝土；其绝热温升比中热硅酸盐水泥混凝土低 35℃；干缩小，自生体积变形为微膨胀。这说明低热硅酸盐水泥对于进一步提高混凝土的抗裂性，减少混凝土裂缝，提高混凝土耐久性等方面起到非常重要的作用。

2）硅酸盐水泥主要矿物成分

硅酸盐水泥的主要生产原材料包括氧化钙、二氧化硅、氧化铝和氧化铁。除了由于没有足够反应时间而残留下来的少量游离氧化钙外，这些成分在窑中相互作用，生成一系列比较复杂的产物，达到化学平衡状态。然而，在冷却期间，平衡受到破坏，冷却速度会影响结晶程度和冷却熟料中无定形材料的数量。这种无定形材料（如玻璃体）的性能与那些相似化学组成的结晶化合物大不相同。还出现了另一种复杂的情况，即熟料的液体部分与原有的结晶化合物发生反应。尽管如此，水泥可以看作处于冻结平衡状态，即假设冷却后的产物与在烧结温度时存在的平衡是一样的。通常认为，水泥主要由四种矿物组成，见表 2-1，并附有简写符号。其中一个字母表示一种氧化物：即 CaO=C、$SiO_2$=S、$Al_2O_3$=A、$Fe_2O_3$=F。同样，水化水泥中的 $H_2O$ 用 H 表示，$SO_3$ 用 $\overline{S}$ 表示。

**表 2-1　硅酸盐水泥的主要矿物成分**

| 矿物名称 | 氧化物成分 | 简写 |
|---|---|---|
| 硅酸三钙 | $3CaO \cdot SiO_2$ | $C_3S$ |
| 硅酸二钙 | $2CaO \cdot SiO_2$ | $C_2S$ |
| 铝酸三钙 | $3CaO \cdot Al_2O_3$ | $C_3A$ |
| 铁铝酸四钙 | $4CaO \cdot Al_2O_3 \cdot Fe_2O_3$ | $C_4AF$ |

实际上，水泥中的硅酸盐并不是纯的化合物，而是含有少量其他氧化物的固溶体。这些氧化物对硅酸盐的原子排列、结晶形式和水化性能有很大影响。

3）硅酸盐水泥的力学性能

术语“凝结”用于描述水泥浆的硬化。广义上说，凝结是指从流态到固态的一种转变。虽然在凝结期间水泥浆有一定强度，但把凝结和硬化加以区分是必要的，后者是指凝结水泥浆获得了强度。实际上，术语“初凝”和“终凝”是用于叙述凝结阶段。普通硅酸盐水泥主要力学性能指标见表 2-2。

**表 2-2　普通硅酸盐水泥主要力学性能指标**

| 普通盐水泥 | 初凝时间（min） | 终凝时间（min） | 抗压强度（MPa） | | 抗折强度（MPa） | |
|---|---|---|---|---|---|---|
| | | | 3d | 28d | 3d | 28d |
| P.O | 213 | 280 | 32.5 | 52.2 | 6.0 | 8.9 |

4）硅酸盐水泥的细度

水泥生产过程的最后一步是熟料和石膏的混合、粉磨。由于水化作用始于水泥颗粒表面，因而水泥的总表面积就代表着可供水化的材料量。因此，水化速度取决于水泥颗粒的细度，而且高的细度是获得强度快速增长的必要因素，长期强度不受影响。当然，早期水化速率越快，水化放热速率也越高。

5）硅酸盐水泥的强度

按照 GB 175—2007《通用硅酸盐水泥》的规定，采用 GB/ T 17671—1999《水泥胶砂强度检验方法》规定的方法，将水泥、标准砂和水按 1 ∶ 3.0 ∶ 0.5 的比例，制成 40mm × 40mm × 160mm 的标准试件，在标准养护条件下［1d 内为（20 ± 1）℃、相对湿度为 90% 以上的空气中，1d 后为（20 ± 1）℃的水中）］养护至规定的龄期，分别按规定的方法测定其 3d 和 28d 的抗折强度和抗压强度，普通硅酸盐水泥强度指标见

表 2-3。

表 2-3 普通硅酸盐水泥强度指标

<table>
<tr><th rowspan="2">品种</th><th rowspan="2">强度等级</th><th colspan="2">抗压强度（MPa）</th><th colspan="2">抗折强度（MPa）</th></tr>
<tr><th>3d</th><th>28d</th><th>3d</th><th>28d</th></tr>
<tr><td rowspan="3">普通硅酸盐水泥</td><td>42.5</td><td>≥ 17.0</td><td rowspan="2">≥ 42.5</td><td>≥ 3.5</td><td rowspan="2">≥ 6.5</td></tr>
<tr><td>42.5R</td><td>≥ 22.0</td><td>≥ 4.0</td></tr>
<tr><td>52.5</td><td>≥ 23.0</td><td>≥ 52.5</td><td>≥ 4.0</td><td>≥ 7.0</td></tr>
</table>

## 2.1.2 骨料

骨料是指在混凝土中起骨架或填充作用的粒状松散材料，由于骨料至少占混凝土体积的 3/4，所以骨料的质量对混凝土来说相当重要。不符合要求的骨料不能用以生产具有足够强度的混凝土，而且骨料的性质也极大地影响着混凝土的耐久性和结构性能。

按照粒径大小，可将骨料分为粗骨料、细骨料和石粉。

粒径大于 4.75mm 的骨料属于粗骨料，也称为石子，一般分为 5-1 石子、1-2 石子、1-3 石子、2-4 石子、4-6 石子。5-1 石子代表粒径在 5~10mm 的碎石，俗称瓜米石。1-2 石子代表粒径在 10~20mm 的碎石，多用在表层公路和混凝土。1-3 石子代表粒径在 16~31.5mm 的碎石。2-4 石子代表二四分，国际标准为 1/4~1/2in，粒径在 10~15mm 的碎石。4-6 石子代表四六分，国际标准为 1/2~3/4in，粒径在 15~20mm 的碎石。普通混凝土所用粗骨料有卵石和碎石两种，卵石是天然岩石经自然风化、水流搬运和分选，堆积形成的粒径大于 4.75mm 的岩石颗粒。碎石是天然岩石或大卵石经破碎、筛分而得到的粒径大于 4.75mm 的岩石颗粒，碎石表面比较粗糙、见棱见角，与水泥浆有较好的黏结力，且洁净度比卵石高。

粒径小于 4.75mm 的骨料为细骨料，也称为砂，常见细骨料分粗砂、中砂、细砂和特细砂。粗砂细度模数为 3.7~3.1，平均粒径为 0.5mm 以上，又称大沙、05 砂。中砂细度模数为 3.0~2.3，平均粒径为 0.5~0.35mm。细砂细度模数为 2.2~1.6，平均粒径为 0.35~0.25mm，也称面沙。特细砂细度模数为 1.5~0.7，平均粒径为 0.25mm 以下。混凝土使用粗砂和中砂，抹面及勾缝使用细砂，普通混凝土用砂以中砂为宜。

石粉是指机制砂中粒径小于 0.075mm 的成分与被加工母岩相同的颗粒。一般普通混凝土要求石粉含量小于 10%，高强混凝土要求小于 5%。在我国实际的工地生产中，不少地方也把 10mm 以内的粉料、砂、石子混合物统称为石粉，用于道路水稳层的铺设。

## 2.1.3 混凝土掺合料

在混凝土拌合物制备时，为了节约水泥，改善混凝土性能，调节混凝土强度等级，而加入天然的或者人造的矿物材料，统称为混凝土掺合料。

用于混凝土中的掺合料可分为活性矿物掺合料和非活性矿物掺合料两大类。非活性矿物掺合料一般与水泥组分不起化学作用，或化学作用很小，如磨细石英砂、石灰石、硬矿渣之类材料。活性矿物掺合料虽然本身不硬化或硬化速度很慢，但能与水泥水化而生成 $Ca(OH)_2$，生成具有水硬性的胶凝材料，如粒化高炉矿渣、火山灰质材料、粉煤灰、硅灰等。

### 2.1.3.1 粉煤灰

粉煤灰是从煤燃烧后的烟气中收捕下来的细灰，粉煤灰是燃煤电厂排出的主要固体废物，主要氧化物组成为 $SiO_2$、$Al_2O_3$、FeO、$Fe_2O_3$、CaO、$TiO_2$ 等。粉煤灰的外观类似水泥，颜色在乳白色到灰黑色之间变化。粉煤灰的颜色是一项重要的质量指标，可以反映含碳量的多少和差异，在一定程度上也可以反映粉煤灰的细度，颜色越深，粉煤灰粒度越细，含碳量越高。粉煤灰有低钙粉煤灰和高钙粉煤灰之分。

粉煤灰颗粒呈球形且细度很高，绝大部分颗粒粒径小于 1~100μm，粉煤灰的比表面积通常为 250~600$m^2$/kg（Blaine 法），相对密度平均值为 2.35。粉煤灰具有细度高、化学成分稳定、活性较强等特点。在混凝土中掺加粉煤灰可大量节约水泥和细骨料，减少用水量，改善混凝土拌合物的和易性，减少水化热、热能膨胀性，提高混凝土抗渗能力。

### 2.1.3.2 硅粉

硅粉，也叫微硅粉，学名硅灰，主要是工业电炉在高温熔炼工业硅及硅铁的过程中，随废气逸出的烟尘经特殊的捕集装置收集处理而成。在逸出的烟尘中，$SiO_2$ 含量约占烟尘总量的 90%，颗粒度非常小，平均粒度几乎是纳米级别，故称为硅粉。硅灰的表观为灰白色粉末，主要成分是 $SiO_2$，比表面积在 15 000~25 000 $m^2$/kg，平均粒径在 0.1~1μm，是普通水泥颗粒的 1/50~1/100。硅粉的高活性对混凝土早期和后期强度发展非常有利，其极细微的颗粒能够产生良好的毛细填充效应，使混凝土孔结构更加致密。混凝土中合理掺入硅粉能够配置高强度混凝土，提高混凝土的力学性能（强度等）和耐久性能（抗渗性、抗冻性、耐化学腐蚀性等），也能抑制或减少碱骨料反应。

### 2.1.3.3 混凝土纤维

混凝土纤维能够增加混凝土抗拉强度、抗冲击能力、延展性、耐久性等多种性能，它在各种混凝土结构中都有广泛应用。纤维混凝土的主要品种有钢纤维混凝土、玻璃纤维混凝土、聚丙烯纤维混凝土、聚酯纤维混凝土、碳纤维混凝土、植物纤维混凝土和高弹模合成纤维混凝土等。

1）钢纤维

钢纤维是混凝土纤维中使用最广泛的一种，它可以增强混凝土的抗拉强度、抗冲击性能和耐久性。钢纤维的种类有很多，常见的有钢丝、钢丝绳和钢纤维片。钢纤维的规格一般包括长度、直径、形状和拉伸强度等几个方面。常用的钢纤维规格有直径为0.2~1.0mm、长度为30~60mm的钢丝，直径为0.2~0.3mm、长度为30~60mm的钢丝绳和钢纤维片等。

2）玻璃纤维

玻璃纤维是一种无机纤维，它具有优良的耐热性、耐腐蚀性和机械强度。在混凝土中添加玻璃纤维，可以增强混凝土的抗拉强度和耐久性。玻璃纤维的规格一般包括长度、直径和拉伸强度等几个方面。常用的玻璃纤维规格有直径为3~25mm、长度为12.7~25.4mm的短玻璃纤维，以及直径为5~13mm、长度为50~100mm的长玻璃纤维等。

3）聚丙烯纤维

聚丙烯纤维是一种合成纤维，它具有优良的韧性、耐紫外线和耐腐蚀性。在混凝土中添加聚丙烯纤维，可以增强混凝土的抗裂性和耐久性。聚丙烯纤维的规格一般包括长度、直径和拉伸强度等几个方面。常用的聚丙烯纤维规格有直径为0.8~18mm、长度为6~60mm的短聚丙烯纤维，以及直径为0.8~18mm、长度为60~120mm的长聚丙烯纤维等。

4）聚酯纤维

聚酯纤维是一种合成纤维，它具有优良的耐腐蚀性和机械强度。在混凝土中添加聚酯纤维，可以增强混凝土的抗拉强度和耐久性。聚酯纤维的规格一般包括长度、直径和拉伸强度等几个方面。聚酯纤维的种类有直径为0.55~1.6mm、长度为6~60mm的短聚酯纤维，以及直径为0.55~1.6mm、长度为60~120mm的长聚酯纤维等。

混凝土纤维的种类和规格因应用领域不同而变化，选用合适的混凝土纤维可以增强混凝土各方面的性能，在实际中应根据不同的工程要求和混凝土性能要求，选用合适的混凝土纤维。

### 2.1.4 外加剂

常用混凝土外加剂品种主要包括普通减水剂、高效减水剂、早强剂、缓凝减水剂、引气剂、防冻剂、速凝剂、防水剂、加气剂、膨胀剂、防锈剂、泵送剂、着色剂、减缩剂等。以混凝土的功能需求为基础，可将混凝土外加剂分为四大类：为改善混凝土的流变性能而使用的外加剂，如引气剂、泵送剂和减水剂等；为改善混凝土的耐久性而使用的外加剂，如防水剂、阻锈剂和引气剂等；为调剂混凝土凝结时间及硬化性能而使用的外加剂，如早强剂、混凝剂和速凝剂等；为改善混凝土其他性能而使用的外加剂，如膨胀剂、消泡剂、脱模剂及防潮剂等。

外加剂不仅能提高混凝土的质量和施工工艺，还可获得如下一种或几种效果：改善混凝土或砂浆拌合物的施工和易性，提高施工的速度和质量，减少噪声及劳动强度，满足水下混凝土、泵送混凝土等特殊施工要求；提高混凝土或砂浆的强度及其他力学性能，提高混凝土的强度等级或用较低标号水泥配制较高强度的混凝土；加速混凝土或砂浆早期强度的发展，缩短工期，加速模板及场地周转，提高产量；缩短热养护时间或降低热养护温度；调节混凝土或砂浆的凝结硬化速度；节约水泥及代替特种水泥；调节混凝土或砂浆的空气含量，改善混凝土内部结构，提高混凝土的抗渗性和耐久性；降低水泥初期水化热或延缓水化放热；提高新拌混凝土的抗冻害功能，促使负温下混凝土强度增长；提高混凝土耐侵蚀性盐类的腐蚀性能等。

## 2.2 试验设计

为确保混凝土性能试验不受原材料差异化影响，试验所用原材料统一取样和送样，原材料品种汇总见表 2–4。

表 2–4　原材料品种汇总

| 材料名称 | 品 种 |
|---|---|
| 水泥 | 42.5 中热硅酸盐水泥 |
| | 42.5 低热硅酸盐水泥 |
| 掺合料 | 珞璜 I 级粉煤灰 |
| | 硅粉 |
| 纤维 | 聚乙烯醇纤维（PVA1） |
| | 聚乙烯醇纤维（PVA2） |
| | 聚丙烯纤维（PP） |
| 外加剂 | JM-PCA 减水剂 |
| | JM-PCA Ⅲ减水剂 |
| | JM-SRA 减缩剂 |

续表

| 材料名称 | 品种 |
|---|---|
| 外加剂 | JM-PCA（Ⅳ）减缩型减水剂 |
| | ZB-1G 引气剂 |
| | HTC-4 抗冲磨混凝土添加剂 |
| | ZY 系列混凝土膨胀剂 |
| 骨料 | 向家坝灰岩粗细骨料 |

### 2.2.1 选材原因

水电工程中应用最广的是硅酸盐水泥，其凝结硬化快，早期强度高，其中，中热硅酸盐水泥和低热硅酸盐水泥的水化热较低，抗冻性和耐磨性较高，且具有一定的抗硫酸盐的能力。其应用于大坝溢流面或其他大体积水工建筑物、水位变动区域的露面层等，也应用于清水或含有较低硫酸盐类侵蚀介质的水中工程。向家坝水电站泄洪消能建筑物需要满足快硬、耐磨等条件，可选择中热、低热硅酸盐水泥。

### 2.2.2 原材料检测

#### 2.2.2.1 水泥

试验采用42.5中热硅酸盐水泥和42.5低热硅酸盐水泥。水泥品质检验执行GB 200—2003《中热硅酸盐水泥 低热硅酸盐水泥 低热矿渣硅酸盐水泥》，检测结果见表2–5和表2–6，化学成分及水化热分别见表2–7、表2–8和图2–2。

检测结果表明，水泥的品质检验结果均符合GB 200—2003规定的技术要求。

表2–5 水泥的主要物理性能检测结果

| 检测项目 | 密度（g/cm$^3$） | 细度（%） | 比表面积（m$^2$/kg） | 标准稠度（%） | 安定性（试饼法） | 凝结时间（h：min） | |
|---|---|---|---|---|---|---|---|
| | | | | | | 初凝 | 终凝 |
| 42.5 中热硅酸盐水泥 | 3.21 | 0.12 | 301 | 26.0 | 合格 | 2：39 | 3：53 |
| 42.5 低热硅酸盐水泥 | 3.22 | 2.30 | 380 | 23.6 | 合格 | 2：15 | 3：29 |
| GB 200—2003 | | | ≥ 250 | | 合格 | ≥ 1：00 | ≤ 12：00 |

表 2-6　水泥的强度检测结果

| 检测项目 | 抗压强度（MPa） | | | | 抗折强度（MPa） | | | |
|---|---|---|---|---|---|---|---|---|
| | 3d | 7d | 28d | 90d | 3d | 7d | 28d | 90d |
| 42.5 中热硅酸盐水泥 | 21.5 | 29.8 | 50.4 | 67.6 | 4.8 | 6.2 | 8.8 | 9.3 |
| 42.5 低热硅酸盐水泥 | 12.1 | 18.3 | 51.0 | 68.5 | 3.1 | 4.3 | 8.1 | 8.8 |
| GB 200—2003 中热水泥 | ≥ 12.0 | ≥ 22.0 | ≥ 42.5 | | ≥ 3.0 | ≥ 4.5 | ≥ 6.5 | |
| GB 200—2003 中低热水泥 | | ≥ 13.0 | ≥ 42.5 | | | ≥ 3.5 | ≥ 6.5 | |

表 2-7　水泥的化学成分检测结果

| 检测项目 | 化学成分（%） | | | | | | | |
|---|---|---|---|---|---|---|---|---|
| | $SiO_2$ | $Al_2O_3$ | $Fe_2O_3$ | CaO | MgO | $SO_3$ | $R_2O$ | Loss |
| 42.5 中热硅酸盐水泥 | 22.85 | 3.88 | 4.02 | 61.60 | 4.62 | 2.15 | 0.40 | 1.20 |
| 42.5 低热硅酸盐水泥 | 23.31 | 4.43 | 5.01 | 61.45 | 1.48 | 2.93 | 0.52 | 1.10 |
| GB 200—2003 | | | | | ≤ 5.0 | ≤ 3.5 | | ≤ 3.0 |

表 2-8　水泥的水化热检测结果

| 检测项目 | 水化热值（kJ/kg） | | | | | | | |
|---|---|---|---|---|---|---|---|---|
| | 12h | 1d | 2d | 3d | 4d | 5d | 6d | 7d |
| 42.5 中热硅酸盐水泥 | 72 | 170 | 214 | 240 | 257 | 270 | 281 | 290 |
| 42.5 低热硅酸盐水泥 | 78 | 151 | 177 | 195 | 208 | 218 | 228 | 237 |
| GB 200—2003 中热水泥 | — | — | — | ≤ 251 | — | — | — | ≤ 293 |
| GB 200—2003 低热水泥 | — | — | — | ≤ 230 | — | — | — | ≤ 260 |

42.5 中热水泥水化热与龄期关系表达式：

$$q=\frac{330.2t}{t+1.06} \tag{2-1}$$

42.5 低热水泥水化热与龄期关系表达式：

$$q=\frac{263.3t}{t+0.94} \tag{2-2}$$

式中：$q$—水化热，kJ/kg；$t$—龄期，d。

对比 42.5 中热水泥和 42.5 低热水泥在不同龄期的水化热，低热水泥水化热普遍低于中热水泥 50kJ/kg，其中，3d、7d 水化热比中热水泥低 15%~20%，在第 6 天达到最大值 53kJ/kg 后趋于稳定。

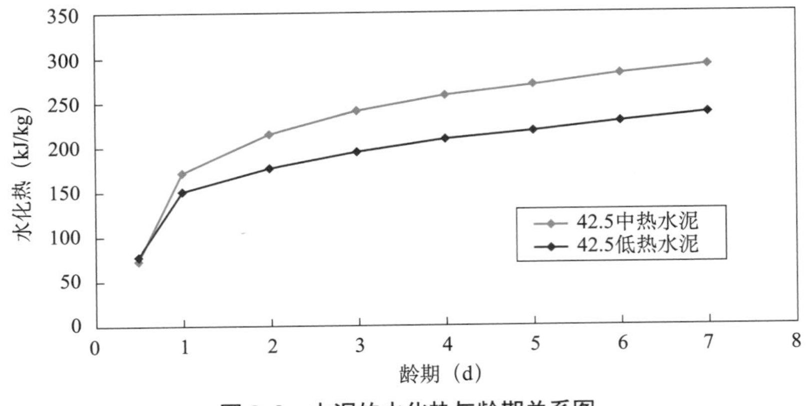


图 2-2　水泥的水化热与龄期关系图

### 2.2.2.2　粉煤灰

试验采用Ⅰ级粉煤灰。粉煤灰的品质检验执行 GB/T 1596—2005《用于水泥和混凝土中的粉煤灰》，其化学成分及品质检验结果分别见表 2-9 和表 2-10。根据 GB/T 1596—2005 判断，珞璜粉煤灰所检结果均满足Ⅰ级粉煤灰的技术要求。

表 2-9　粉煤灰的化学成分（%）

| 检测项目 | 化学成分（%） | | | | | | | |
|---|---|---|---|---|---|---|---|---|
| | $SiO_2$ | $Al_2O_3$ | $Fe_2O_3$ | CaO | MgO | $SO_3$ | $R_2O$ | Loss |
| 检测结果 | 51.67 | 26.40 | 12.13 | 4.22 | 1.87 | 0.76 | 1.07 | 1.61 |

表 2-10　粉煤灰的品质检验结果

| 检测项目 | 检测结果 | GB/T 1596—2005 | | |
|---|---|---|---|---|
| | | Ⅰ级 | Ⅱ级 | Ⅲ级 |
| 细度（45μm 筛筛余）（%） | 4.7 | ≤ 12 | ≤ 25 | ≤ 45 |
| 烧失量（%） | 1.61 | ≤ 5 | ≤ 8 | ≤ 15 |
| 需水量比（%） | 93.6 | ≤ 95 | ≤ 105 | ≤ 115 |
| 含水量（%） | 0.26 | ≤ 1.0 | | |
| 三氧化硫（%） | 0.76 | ≤ 3.0 | | |
| 表观密度（$g/cm^3$） | 2.47 | — | | |
| 比表面积（$m^2/kg$） | 325 | — | | |
| 活性指数（%） | 78 | ≥ 70 | | |

### 2.2.2.3　硅粉

试验选用四个厂家的硅粉，分别为：A 公司、B 公司、C 公司、D 公司。硅粉的品质检验执行 GB/T 18736—2002《高强高性能混凝土用矿物外加剂》，检测结果见

表 2-11。根据 GB/T 18736—2002 判断，四种硅粉品质所检结果均满足规范的技术要求。

表 2-11　硅粉品质检验结果

| 检测项目 | | 检测结果 | | | | GB/T 18736—2002 技术要求 |
|---|---|---|---|---|---|---|
| | | A | B | C | D | |
| 密度（g/cm³） | | 2.22 | 2.21 | 2.20 | 2.21 | — |
| 烧失量（%） | | 1.85 | 1.60 | 3.58 | 2.51 | ≤ 6 |
| 含水率（%） | | 0.6 | 1.02 | 1.12 | 1.35 | ≤ 3.0 |
| 胶砂性能 | 需水量比（%） | 116 | 118 | 118 | 115 | ≤ 125 |
| | 28d 活性指数（%） | 86 | 89 | 87 | 86 | ≥ 85 |
| 碱含量（%） | | 0.77 | 0.48 | 0.35 | 0.62 | — |

### 2.2.2.4　骨料

试验采用向家坝工程灰岩人工骨料。人工砂颗粒级配试验结果见表 2-12，人工砂筛分曲线见图 2-3。人工砂细度模数 2.81，石粉含量 12.8%。灰岩人工砂石骨料的品质检验结果见表 2-13，由检测结果可知，骨料所检结果均符合 DL/T 5144—2015《水工混凝土施工规范》规定的技术要求。

表 2-12　人工砂颗粒级配试验结果

| 筛孔尺寸（mm） | 累计筛余量（%） | | | | | | | 细度模数 |
|---|---|---|---|---|---|---|---|---|
| | 5.0 | 2.5 | 1.25 | 0.63 | 0.315 | 0.16 | < 0.16 | |
| 检测结果 | 0.4 | 16.6 | 40.1 | 60.2 | 78.3 | 87.2 | 100 | 2.81 |

表 2-13　灰岩人工砂石骨料品质检验结果

| 项目 | 细骨料 | | 粗骨料 | | |
|---|---|---|---|---|---|
| | 砂 | 指标 | 小石 | 中石 | 指标 |
| 细度模数 | 2.81 | 2.4~2.8 | | | |
| 饱和面干密度（kg/m³） | 2667 | ≥ 2500 | 2679 | 2681 | ≥ 2550 |
| 饱和面干吸水率（%） | 0.80 | | 0.52 | 0.40 | ≤ 2.5 |
| 石粉含量（%） | 12.8 | 6~18 | | | |
| 泥块含量（%） | 0 | 不允许 | 0 | 0 | 不允许 |
| 压碎指标（%） | | | 9.8 | | ≤ 10 |
| 坚固性（%） | 2.2 | ≤ 8 | 1.6 | 3.8 | ≤ 5 |
| 硫化物及硫酸盐含量（%） | 0.04 | ≤ 1 | 0 | 0 | ≤ 0.5 |
| 有机质含量（%） | 0 | 不允许 | 合格 | 合格 | 浅于标准色 |

续表

| 项目 | 细骨料 | | 粗骨料 | | |
|---|---|---|---|---|---|
| | 砂 | 指标 | 小石 | 中石 | 指标 |
| 云母含量（%） | 0.06 | ≤ 2 | | | |
| 针片状颗粒含量（%） | | | 0.6 | 1.2 | ≤ 15 |
| 超径（%） | | | 3.1 | 0.7 | ＜ 5 |
| 逊径（%） | | | 0 | 6.8 | ＜ 10 |

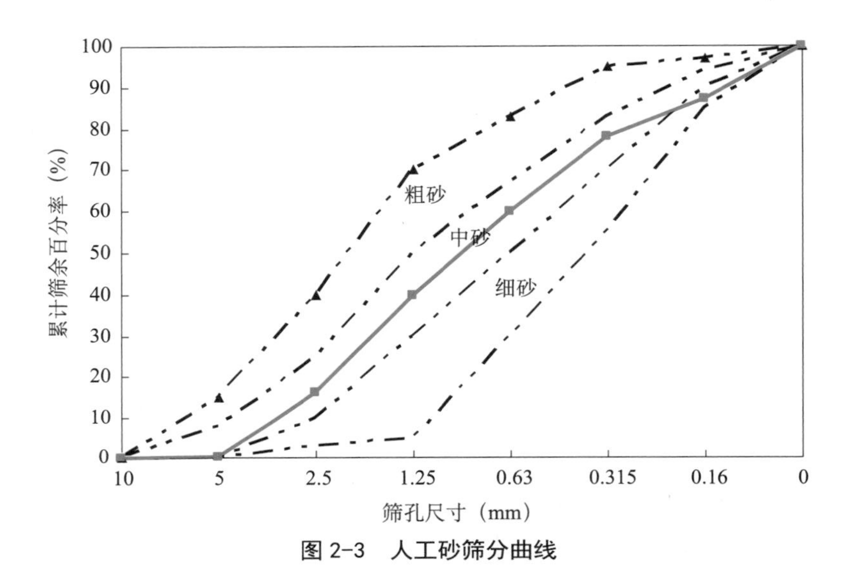


图 2-3　人工砂筛分曲线

### 2.2.2.5　膨胀剂

试验采用 ZY 系列混凝土膨胀剂，膨胀剂的品质检验执行 JC 476—2001《混凝土膨胀剂》，检测采用基准水泥，试验结果见表 2-14。

表 2-14　膨胀剂品质检测结果

| 项目 | | | 检测结果 | JC 476—2001 指标值 |
|---|---|---|---|---|
| 化学成分 | 氧化镁（%） | | 1.47 | ≤ 5.0 |
| | 总碱量（%） | | 0.33 | ≤ 0.75 |
| | 含水率（%） | | 1.1 | ≤ 3.0 |
| 物理性能 | 密度（$g/cm^3$） | | 2.89 | |
| | 细度 | 比表面积（$m^2/kg$） | 410 | ≥ 250 |
| | | 0.08mm 筛筛余（%） | 6.4 | ≤ 12 |
| | | 1.25mm 筛筛余（%） | 0 | ≤ 0.5 |

续表

| 项目 | | | | 检测结果 | JC 476—2001 指标值 |
|---|---|---|---|---|---|
| 物理性能 | 凝结时间 | 初凝（min） | | 215 | ≥ 45 |
| | | 终凝（h） | | 5.2 | ≤ 10 |
| | 限制膨胀率（%） | 水中 | 7d | 0.029 | ≥ 0.025 |
| | | | 28d | 0.057 | ≤ 0.10 |
| | | 空气中 | 21d | -0.018 | ≥ -0.020 |
| | 抗压强度（MPa） | 7d | | 28.6 | ≥ 20.0 |
| | | 28d | | 51.0 | ≥ 40.0 |
| | 抗折强度（MPa） | 7d | | 4.9 | ≥ 4.5 |
| | | 28d | | 8.0 | ≥ 6.5 |

### 2.2.2.6 外加剂

性能检测依据 GB 8076—1997《混凝土外加剂》，其检测结果见表 2–15。检测结果表明，JM–PCA、JM–PCA（Ⅳ）所检指标均满足 GB 8076—1997 中高效减水剂一等品的技术要求，ZB–1G 所检指标均满足 GB 8076—1997中引气剂一等品的技术要求。

表 2–15 掺外加剂混凝土的性能检测结果

| 检测项目 | | JM-PCA | JM-PCA（Ⅳ） | ZB-1G | GB 8076—1997 | |
|---|---|---|---|---|---|---|
| | | | | | 高效减水剂一等品 | 引气剂一等品 |
| 掺量（%） | | 0.7 | 0.7 | 0.004 | | |
| 减水率（%） | | 24.2 | 21.6 | 8.8 | ≥ 12 | ≥ 6 |
| 泌水率比（%） | | 5.0 | 4.6 | 6.2 | ≤ 90 | ≤ 70 |
| 含气量（%） | | 2.9 | 4.2 | 5.2 | ≤ 3.0 | > 3.0 |
| 凝结时间之差（min） | 初凝 | +3 | | +10 | -90~+120 | -90~+120 |
| | 终凝 | +1 | | +3 | | |
| 抗压强度比（%） | 3d | 178 | 143 | 95 | ≥ 130 | 95 |
| | 7d | 198 | 155 | 105 | ≥ 125 | 95 |
| | 28d | 168 | 140 | 100 | ≥ 120 | 90 |
| 干缩率比（%） | 100 | 98 | 107 | ≤ 135 | ≤ 135 | |

### 2.2.2.7 纤维

纤维是指由天然或人工合成的连续或不连续的细丝组成的物质。按类型可分为天然纤维和化学纤维，天然纤维是自然界存在的，可以直接取得纤维，根据其来源分成植物纤维、动物纤维和矿物纤维三类。化学纤维是经过化学处理加工而制成的纤维，可分为人造纤维（再生纤维）、合成纤维和无机纤维。工程中通常采用化学纤维，将其掺入混凝土中，以改善混凝土性能，提高混凝土基体的密实性，提高混凝土抗冻、抗疲劳、抗拉、抗变形和防止表面开裂及改善水泥构造物表观形态的作用。

在本次试验中，纤维选用聚乙烯醇纤维（简称 PVA1）、聚乙烯醇纤维（简称 PVA2）和聚丙烯纤维（简称 PP）。纤维的推荐掺量均为 0.9kg/m$^3$，纤维的主要技术指标见表 2–16，各种纤维产品外观见图 2–4~ 图 2–6。

表 2–16　纤维的主要技术指标

| 技术指标（公司） | 密度（g/cm$^3$） | 抗拉强度（MPa） | 弹性模量（GPa） | 断裂延伸率（%） |
|---|---|---|---|---|
| PVA1（能力科技） | 1.28 | 1565 | 38.0 | 8.0 |
| PVA2（川维化工） | 1.30 | 1315 | 30.4 | 8.1 |
| PP（方大集团） | 0.90 | 703 | 6.0 | 23.1 |

图 2–4　PVA1 纤维产品外观

图 2–5　PVA2 纤维产品外观

图 2–6　PP 纤维产品外观

## 2.2.3　试验方案

### 2.2.3.1　原材料对混凝土性能的影响研究

1）试验基本条件

原材料和混凝土基准参数如下：

水泥：42.5 中热硅酸盐水泥。

粉煤灰：Ⅰ级粉煤灰

骨料：灰岩粗、细骨料

骨料级配：二级配

中石∶小石 =50%∶50%。

砂率：30%。

外加剂：高效减水剂 0.7%，引气剂

混凝土坍落度：5~7cm

含气量：3.0%~4.0%

2）基准混凝土

试验使用的第一种硅粉混凝土水胶比 0.33，粉煤灰掺量 30%，硅粉掺量 5%；第二种粉煤灰混凝土水胶比 0.30，粉煤灰掺量 25%。

3）纤维和外加剂对混凝土性能的影响研究

试验使用的合成纤维品种为 PVA 纤维，聚丙烯纤维（掺量 0.9kg/$m^3$，长度 12mm），减缩剂 JM–SRA（掺量 2%），减缩型减水剂 JM–PCA(Ⅳ)，掺量 0.7%。

（1）纤维混凝土。纤维可控制基体混凝土裂纹的进一步发展，从而提高抗裂性。由于纤维的抗拉强度大、延伸率大，使混凝土的抗拉、抗弯、抗冲击强度及延伸率和韧性得以提高。水泥石、砂浆与混凝土的主要缺点是：抗拉强度低、极限延伸率小、性脆，加入抗拉强度高、极限延伸率大、抗碱性好的纤维，可以克服这些缺点。纤维混凝土的主要品种有石棉水泥、钢纤维混凝土、玻璃纤维混凝土、聚丙烯纤维混凝土及碳纤维混凝土、植物纤维混凝土和高弹模合成纤维混凝土等。

纤维混凝土试验是在两个基准混凝土基础上进行，掺入纤维后通过调整减水剂掺量，使混凝土坍落度、含气量和胶凝材料总量保持不变。

（2）掺减缩剂混凝土。混凝土减缩剂是一种用于调节混凝土减缩性能的化学添加剂。在混凝土制造过程中，水泥与水反应形成硬化体，同时会释放出气体。这些气体会形成空气孔隙，使得混凝土的密实度下降，从而影响其力学性质。混凝土减缩剂能够通过抑制气泡生成和促进气泡排除等机制来减少混凝土内部的气泡数量，从而提高混凝土的密实性、强度和耐久性。

试验是在掺硅粉基准混凝土、硅粉 PVA 纤维混凝土基准上掺加减缩剂。

（3）掺减缩型减水剂混凝土。混凝土减缩型减水剂是一种化学添加剂，它能够减小混凝土的收缩率，控制混凝土在硬化过程中的收缩变形。同时，它还具有减水作用，能够降低混凝土的水泥用量和提高混凝土的流动性。

试验是将掺硅粉基准混凝土、硅粉 PVA 纤维混凝土中的 JM–PCA 减水剂改为具有减缩功能的减水剂，掺量 0.7%。

（4）膨胀剂混凝土。混凝土膨胀剂是一种化学添加剂，它在混凝土中产生酸碱反应，从而增加混凝土的体积，并提高混凝土的耐久性和防止渗水性。混凝土膨胀剂可以用于改善混凝土的物理和机械性能，例如抗裂性、耐久性、抗冻性和抗渗透性等。

试验是在掺硅粉基准混凝土、硅粉 PVA 纤维混凝土基准上掺加膨胀剂，膨胀剂品种为 UEA，掺量 10%。

（5）减水剂。将掺硅粉基准混凝土、硅粉 PVA 纤维混凝土中的 JM–PCA 减水剂改为 JM–PCA Ⅲ减水剂，掺量 0.7%（或厂家推荐掺量）。

4）低热水泥抗冲耐磨混凝土

将基准混凝土的中热水泥等量替换为低热水泥。

5）物理力学试验内容

试验主要研究拌合物性能：坍落度、含气量、1h坍落度和含气量损失，此外，还需开展混凝土抗压、劈拉强度（7d、28d、90d、180d），极限拉伸值（28d、90d、180d），抗冻F300（28d），干缩［至180d（24h脱模）］，绝热温升（至28d），自生体积变形（至22年）抗冲击韧性（28d、90d）（具体试验内容详见表2–17）。

采用GB/T 21120—2018《水泥混凝土和砂浆用合成纤维》附录D中混凝土抗冲击性能试验方法（弯曲冲击试验方法）。

高速水流法、水下钢球法测试抗冲耐磨强度（90d、180d），其中，高速水流法为两种：一种为SL 352—2020《水工混凝土试验规程》中的圆环法，水流名义流速不小于40m/s；另一种为DL/T 5207—2005《水工建筑物抗冲磨防空蚀混凝土技术规范》中的附录A.4水沙磨损机试验方法，水流名义流速不小于40m/s。

大板抗裂试验（塑性阶段）是采用CCES01混凝土结构耐久性设计与施工指南附录A2方法。圆环抗裂（硬化后）圆环开裂后7d最大裂缝宽度和裂缝条数，采用CCES01混凝土结构耐久性设计与施工指南附录A1方法，但试件尺寸改为305mm×425mm×100mm，拆模后养护湿度采用60%±5%。

6）硅粉品种对混凝土性能影响研究

**表2–17　硅粉品种及试验方案设置**

| 硅粉品种 | 配合比个数 | 试验内容 | |
|---|---|---|---|
| A公司、B公司、C公司、D公司硅粉混凝土水胶比0.33，粉煤灰掺量30%，硅粉掺量5% | 硅粉混凝土4个配合比 | 硅粉品质检验，4个品牌 | |
| | | 拌合物性能 | 坍落度、含气量 |
| | | 抗压强度、劈拉强度 | 7d、28d、90d、180d |
| | | 干缩 | 至180d（24h脱模） |

7）粉煤灰掺量及抗冲磨剂对混凝土性能的影响

低水胶比高粉煤灰掺量抗冲耐磨混凝土技术路线粉煤灰掺量选择试验，重点比较混凝土长龄期抗冲耐磨性能。试验用水胶比和粉煤灰的掺量见表2–18。混凝土用水量以0.35水胶比为基准，粉煤灰掺量增加后通过调整减水剂掺量，使混凝土坍落度、含气量和胶凝材料总量保持不变。同时比较HTC–4抗冲磨剂对高粉煤灰掺量混凝土的影响。

**表2–18　抗冲耐磨混凝土水胶比和粉煤灰的掺量**

| 水胶比 | 粉煤灰掺量（%） | 减水剂掺量参考（%） | HTC-4（%） |
|---|---|---|---|
| 0.35 | 10 | 0.7 | 0 |
| 0.34 | 20 | 0.7 | 0 |
| 0.33 | 30 | 0.9 | 0 |
| 0.30 | 40 | 1.1 | 0 |

续表

| 水胶比 | 粉煤灰掺量（%） | 减水剂掺量参考（%） | HTC-4（%） |
|---|---|---|---|
| 0.33 | 30 | 0.9 | 0.7 |
| 0.30 | 40 | 1.1 | 0.7 |

配合比个数：6 个。主要开展研究内容为：抗压强度、劈拉强度（28d、90d、180d、1 年），干缩［至 180d（24h 脱模）］，高速水流、水下钢球法抗冲耐磨强度（90d、180d、1 年），大板抗裂试验（塑性阶段），圆环抗裂（硬化后）圆环开裂后 7d 最大裂缝宽度和裂缝条数。

#### 2.2.3.2　原材料对泵送混凝土性能的影响研究

1）混凝土基本参数要求

泵送混凝土坍落度 140~160mm，含气量 3.0%~4.0%，砂率 41%。

2）混凝土配合比

试验采用以下 6 种组合：中热水泥 +25% 粉煤灰；中热水泥 +30% 粉煤灰 +5% 硅粉；中热水泥 +30% 粉煤灰 +5% 硅粉 +PVA 纤维；低热水泥 +25% 粉煤灰；低热水泥 +30% 粉煤灰 +5% 硅粉；低热水泥＋ 30% 粉煤灰＋ 5% 硅粉＋ PVA 纤维。

3）试验内容

主要开展混凝土拌合物性能，坍落度、含气量、1h 坍落度和含气量损失，抗压强度、劈拉强度（7d、28d、90d、180d），极限拉伸值（28d、90d、180d），抗冻 F300（28d），干缩［至 180d（24h 脱模）］，绝热温升（至 28d），自生体积变形（至 22 年），抗冲击韧性（28d、90d），高速水流法、水下钢球法抗冲耐磨强度（90d、180d），和大板抗裂试验（塑性阶段），圆环抗裂（硬化后）圆环开裂后 7d 最大裂缝宽度和裂缝条数的性能研究。

#### 2.2.3.3　抗冲耐磨混凝土性能试验研究

在上述试验的 90d 龄期试验结果出来后，通过讨论确定抗冲耐磨混凝土材料组合方案和配合比参数，开展向家坝水电站 3 个强度等级、两个级配混凝土（大坝溢流面、挑流反弧段、消力池）的混凝土性能试验研究。

主要开展性能试验为：拌合物性能包括坍落度、含气量、1h 坍落度和含气量损失（二、三级配），抗压强度、劈拉强度 7d、28d、90d、180d（二、三级配），极限拉伸值（28d、90d、180d），抗压弹模（28d、90d、180d），抗冻（28d），抗渗（28d），抗冲磨性能（高速水流法和水下钢球法），向家坝水电站抗冲磨混凝土试验项目见表 2-19。

表 2-19 向家坝水电站抗冲磨混凝土试验项目

| 项目 | 子项 | 水胶比 | 试验组合 | 拌合物 | 抗压强度、劈拉强度 | 极限拉伸 | 干缩 | 抗冻 | 绝热温升 | 自生变形 | 冲击韧性 | 抗冲磨 | | 抗裂 | |
|---|---|---|---|---|---|---|---|---|---|---|---|---|---|---|---|
| | | | | | | | | | | | | 水下钢球法 | 高速水流 | 平板法 | 圆环法 |
| 1 | 1.4.1.3 | 0.30 | PMH+25%F | + | + | + | + | + | + | + | + | + | + | + | + |
| | 1.4.1.3 | 0.33 | PMH+30%F+5%SF1 | + | + | + | + | + | + | + | + | + | + | + | + |
| | 1.4.1.4 | 0.30 | PMH+25%F+PVA1 | + | + | + | + | + | + | | + | + | + | + | + |
| | 1.4.1.4 | 0.30 | PMH+25%F+PVA2 | + | + | + | + | | | | + | + | + | + | + |
| | 1.4.1.4 | 0.30 | PMH+25%F+PP | + | + | + | + | | | | + | + | + | + | + |
| | 1.4.1.4 | 0.33 | PMH+30%F+5%SF1+PVA1 | + | + | + | + | + | + | | + | + | + | + | + |
| | 1.4.1.4 | 0.33 | PMH+30%F+5%SF1+PVA2 | + | + | + | + | | | | + | + | + | + | + |
| | 1.4.1.4 | 0.33 | PMH+30%F+5%SF1+PP | + | + | + | + | | | | + | + | + | + | + |
| | 1.4.1.5 | 0.33 | PMH+30%F+5%SF1+SRA | + | + | + | + | + | | + | + | + | + | + | + |
| | 1.4.1.5 | 0.33 | PMH+30%F+5%SF1+PVA1+SRA | + | + | + | + | + | | + | + | + | + | + | + |
| | 1.4.1.6 | 0.33 | PMH+30%F+5%SF1+JM-PCA(Ⅳ) | + | + | + | + | + | | | + | + | + | + | + |
| | 1.4.1.6 | 0.33 | PMH+30%F+5%SF1+PVA1+ JM-PCA(Ⅳ) | + | + | + | + | + | | | + | + | + | + | + |
| | 1.4.1.7 | 0.33 | PMH+30%F+5%SF1+10%UEA | + | + | + | + | + | | + | + | + | + | + | + |
| | 1.4.1.7 | 0.33 | PMH+30%F+5%SF1+PVA1+10%UEA | + | + | + | + | + | | + | + | + | + | + | + |
| | 1.4.1.8 | 0.33 | PLH+25%F | + | + | + | + | + | + | + | + | + | + | + | + |
| | 1.4.1.8 | 0.33 | PLH+30%F+5%SF1 | + | + | + | + | + | + | + | + | + | + | + | + |
| | 1.4.1.9 | 0.33 | PMH+30%F+5%SF1+ JM-PCA Ⅲ | + | + | + | + | + | + | + | + | + | + | + | + |
| | 1.4.1.9 | 0.30 | PMH+25%F+PVA1+ JM-PCA Ⅲ | + | + | + | + | + | + | | + | + | + | + | + |
| | 1.4.1.11 | 0.33 | PMH+30%F+5%SF1（同基准） | + | + | | + | | | | | | | + | + |

续表

| 项目 | 子项 | 水胶比 | 试验组合 | 拌合物 | 抗压强度、劈拉强度 | 极限拉伸 | 干缩 | 抗冻 | 绝热温升 | 自生变形 | 冲击韧性 | 抗冲磨 |  | 抗裂 |  |
|---|---|---|---|---|---|---|---|---|---|---|---|---|---|---|---|
|  |  |  |  |  |  |  |  |  |  |  |  | 水下钢球法 | 高速水流 | 平板法 | 圆环法 |
| 1 | 1.4.1.11 | 0.33 | PMH+30%F+5%SF2 | + | + |  | + |  |  |  |  |  |  | + | + |
|  | 1.4.1.11 | 0.33 | PMH+30%F+5%SF3 | + | + |  | + |  |  |  |  |  |  | + | + |
|  | 1.4.1.11 | 0.33 | PMH+30%F+5%SF4 | + | + |  | + |  |  |  |  |  |  | + | + |
|  | 1.4.1.12 | 0.33 | PMH+10%F | + | + |  | + |  |  |  |  | + | + | + | + |
|  | 1.4.1.12 | 0.32 | PMH+20%F | + | + |  | + |  |  |  |  | + | + | + | + |
|  | 1.4.1.12 | 0.31 | PMH+30%F | + | + | + | + | + |  |  | + | + | + | + | + |
|  | 1.4.1.12 | 0.30 | PMH+40%F | + | + |  | + |  |  |  |  | + | + | + | + |
|  | 1.4.1.12 | 0.31 | PMH+30%F+0.7%HTC-4 | + | + | + | + | + |  |  | + | + | + | + | + |
|  | 1.4.1.12 | 0.31 | PLH+30%F+0.7%HTC-4 | + | + | + | + | + |  |  | + | + | + | + | + |
| 2 | 泵送 | 0.30 | PMH+25%F | + | + | + | + | + | + |  | + | + | + | + | + |
|  | 泵送 | 0.33 | PMH+30%F+5%SF1 | + | + | + | + | + | + |  | + | + | + | + | + |
|  | 泵送 | 0.30 | PLH+25%F | + | + | + | + | + | + |  | + | + | + | + | + |
|  | 泵送 | 0.33 | PLH+30%F+5%SF1 | + | + | + | + | + | + |  | + | + | + | + | + |
|  | 泵送 | 0.33 | PMH+30%F+5%SF1+PVA1 | + | + | + | + | + | + |  | + | + | + | + | + |
|  | 泵送 | 0.33 | PLH+30%F+5%SF1+PVA1 | + | + | + | + | + | + |  | + | + | + | + | + |

注：1. 向家坝水电站用水泥为 YBSM42.5PMH；低热水泥为 SCJH42.5PLH，水泥等量替换中热水泥进行试验。

2. 向家坝水电站用骨料为灰岩；二级配，骨料组合为中石:小石 =50 ：50，砂率以 30% 为基准进行微调。

3. 外加剂：JM-PCA 高效减水剂和 JM-PCA(Ⅳ) 减缩型减水剂，掺量 0.7%；JM-SRA 减缩剂，掺量 2.0%；ZB-1G 引气剂。

4. 常态混凝土坍落度 50~70mm，泵送混凝土坍落度 140~160mm，含气量 3.0%~4.0%，泵送混凝土砂率 41%。

5. 通过调整减水剂掺量，使不同试验组合混凝土坍落度、含气量和胶凝材料总量保持不变。

# 第3章 混凝土配合比设计

## 3.1 混凝土的配制强度

混凝土强度等级为C9040、C9050、C9055，配制强度按照DL/T 5207—2005《水工建筑物抗冲磨防空蚀混凝土技术规范》计算，计算公式如下：

$$f_{cu,o}=f_{cu,k}+1.28\sigma_c \tag{3-1}$$

式中 $f_{cu,o}$——混凝土施工配制强度，MPa；

$f_{cu,k}$——设计要求的混凝土强度值，MPa；

$\sigma_c$——混凝土强度标准差，MPa。

标准差$\sigma_c$值的取用：由混凝土生产过程中质量管理水平确定，应根据施工单位的历史统计资料计算得出，无历史统计资料时，对C9035~C9050抗冲磨混凝土可取$\sigma_c=5$MPa，对C9055~C9060抗冲磨混凝土，配制强度取值应不低于设计强度等级的1.15倍。经计算，抗冲耐磨混凝土的配制强度见表3-1。

表3-1 抗冲耐磨混凝土的配制强度

| 设计强度等级 | C9040 | C9050 | C9055 |
|---|---|---|---|
| $\sigma_c$（MPa） | 5 | 5 | |
| 配制强度（MPa） | 46.4 | 56.4 | 63.3 |

## 3.2 混凝土配合比设计试验

混凝土配合比设计按 DL/T 5144—2015《水工混凝土施工规范》进行，配合比计算采用绝对体积法，砂石骨料均为饱和面干状态，骨料级配中石:小石 =50 : 50。根据委托方提供的配合比参数，通过试验确定混凝土的用水量、砂率、引气剂掺量等参数。依据设计要求，常态混凝土的坍落度控制在 5~7cm，泵送混凝土的坍落度控制在 14~16cm，含气量控制在 3.0%~4.0%。

根据向家坝水电站抗冲耐磨混凝土试验研究方案，需要对不同试验组合的混凝土进行性能对比试验，共计 34 个配合比，其中常态混凝土 28 个，泵送混凝土 6 个。常态混凝土、泵送混凝土均是在两个基准混凝土（硅粉混凝土和粉煤灰混凝土）基础上调整得到的，因此，确定合适的基准混凝土配合比是非常重要的。

根据试验大纲要求，硅粉混凝土的水胶比 0.33，粉煤灰掺量 30%，硅粉掺量 5%，采用推荐砂率 30%、JM–PCA 减水剂掺量 0.7% 成型时，混凝土的单位用水量较低，拌合物的黏聚性不好，存在骨料分离、浆液较少的现象。同时考虑到对比混凝土是通过调整减水剂掺量的方法使混凝土的坍落度和胶凝材料总量保持一致，因此减水剂的掺量应降低。试验中将 JM–PCA 的掺量降至 0.6%，砂率调整到 32%，得到最终的硅粉混凝土基准配合比见表 3–2，混凝土的用水量为 108kg/m$^3$，与同类工程相比用水量偏低。

粉煤灰混凝土水胶比 0.30，粉煤灰掺量 25%，采用砂率 30%、JM–PCA 掺量 0.6% 成型时，粉煤灰混凝土的和易性较好，但与硅粉混凝土相比，引气剂掺量较高，混凝土拌合物较为黏稠。粉煤灰混凝土的用水量为 105kg/m$^3$，与同类工程相比用水量较低。混凝土配合比见表 3–2。

表 3–2 基准混凝土配合比

| 编号 | 水胶比 | 砂率（%） | 粉煤灰（%） | 硅粉（%） | 胶材总量（$kg/m^3$） | 材料用量（$kg/m^3$） | | | | | | JM-PCA（%） | ZB-1G（$1/10^4$） | 坍落度（cm） | 含气量（%） |
|---|---|---|---|---|---|---|---|---|---|---|---|---|---|---|---|
| | | | | | | 水 | 水泥 | 粉煤灰 | 硅粉 | 砂 | 石 | | | | |
| S-33-30 | 0.33 | 32 | 30 | 5 | 327.3 | 108.0 | 212.7 | 98.2 | 16.4 | 634.3 | 1354.4 | 0.6 | 0.6 | 5.4 | 3.4 |
| F-30-25 | 0.30 | 30 | 25 | 0 | 350.0 | 105.0 | 262.5 | 87.5 | 0 | 594.1 | 1392.9 | 0.6 | 1.6 | 6.6 | 3.6 |

注：编号 S 代表硅粉系列混凝土，F 代表粉煤灰系列混凝土，以下表格中编号含义与此相同。

# 第4章 原材料对混凝土性能的影响研究

通过掺加不同的原材料，研究其对混凝土性能的影响。在硅粉混凝土、粉煤灰混凝土两个基准配合比基础上，分别比较合成纤维、减缩剂、减缩型减水剂、膨胀剂、JM-PCA Ⅲ减水剂、低热水泥等原材料对混凝土性能的影响。

## 4.1 混凝土配合比

### 4.1.1 纤维混凝土

在硅粉混凝土、粉煤灰混凝土中掺加不同品种的合成纤维，掺量为0.9kg/$m^3$。从搅拌过程看，PVA1和PP纤维的分散性较好，而PVA2纤维的分散性较差，存在纤维结团现象。掺入纤维后混凝土的坍落度降低，通过增加减水剂的掺量，使混凝土的坍落度、含气量和胶凝材料总量保持一致。与基准混凝土相比，纤维混凝土的黏聚性、保水性更好。纤维混凝土试验配合比见表4–1。

### 4.1.2 掺减缩剂混凝土

在硅粉混凝土、硅粉PVA1纤维混凝土的基础上掺加减缩剂，掺量为2%。掺减缩剂后，虽引气剂的掺量大幅增加，但含气量仍只有2.6%~2.8%，这与减缩剂可能含有消泡成分有关。通过调整减水剂的掺量，使混凝土的坍落度和胶凝材料总量保持一致。掺减缩剂试验配合比见表4–2。

### 4.1.3 掺减缩型减水剂混凝土

将硅粉混凝土、硅粉 PVA1 纤维混凝土中的 JM–PCA 减水剂改为具有减缩功能的减水剂 JM–PCA(IV)，掺量 0.7%。减水剂调整后硅粉混凝土的单位用水量为 105kg/$m^3$，硅粉 PVA1 纤维混凝土的用水量为 113kg/$m^3$。掺减缩型减水剂试验配合比见表 4–3。

### 4.1.4 掺膨胀剂混凝土

在硅粉混凝土、硅粉 PVA1 纤维混凝土的基础上掺加膨胀剂，膨胀剂品种为 UEA，掺量 10%，采用外掺法。掺膨胀剂试验配合比见表 4–4。

### 4.1.5 掺 JM-PCA Ⅲ减水剂混凝土

将硅粉混凝土、硅粉 PVA1 纤维混凝土中的 JM–PCA 减水剂改为减水率更高的 JM–PCA Ⅲ减水剂。由于 JM–PCA Ⅲ的减水率较高，为了与基准混凝土比较，试验中将减水剂掺量降至 0.5%，硅粉混凝土的单位用水量仅 100kg/$m^3$，混凝土的胶凝材料总量偏少，和易性下降。掺 JM–PCA Ⅲ减水剂试验配合比见表 4–5。

### 4.1.6 低热水泥抗冲磨混凝土

低热硅酸盐水泥是一种以硅酸二钙为主导矿物，铝酸三钙含量较低的水泥。生产该品种水泥具有耗能低、有害气体排放少、生产成本低的特点。经大量研究和实验证实，该品种水泥具有良好的工作性、低水化热、高后期强度、高耐久性、高耐侵蚀性等通用硅酸盐水泥无可比拟的优点。低热硅酸盐水泥的水化热低，3d、7d 水化热比中热水泥低 15%~20%，而且水化放热平缓，峰值温度低。其早期强度较低，但后期强度增进率大，低热水泥抗冲耐磨混凝土应用有助于减少混凝土表面开裂，提高混凝土质量和抗冲耐磨性能。

向家坝水电站在抗冲耐磨混凝土研究过程中，为探明低热水泥抗冲耐磨混凝土拌制的可行性，在硅粉混凝土、粉煤灰混凝土的基础上，把水泥品种换为低热水泥，将减水剂的掺量由 0.6% 增加到 0.85%，使混凝土的坍落度、含气量和胶凝材料总量保持一致。低热水泥抗冲磨混凝土配合比见表 4–6。

表 4–1　纤维混凝土配合比

| 编号 | 水胶比 | 砂率（%） | 粉煤灰（%） | 硅粉（%） | 胶材总量（$kg/m^3$） | 纤维品种 | 材料用量（$kg/m^3$） | | | | | | JM-PCA（%） | ZB-1G（$1/10^4$） | 坍落度（cm） | 含气量（%） |
|---|---|---|---|---|---|---|---|---|---|---|---|---|---|---|---|---|
| | | | | | | | 水 | 水泥 | 粉煤灰 | 硅粉 | 砂 | 石 | | | | |
| S-P1 | 0.33 | 32 | 30 | 5 | 327.3 | PVA1 | 108.0 | 212.7 | 98.2 | 16.4 | 634.3 | 1354.4 | 0.75 | 0.6 | 5.4 | 3.7 |
| S-P2 | | | | | | PVA2 | | | | | | | 0.75 | 0.6 | 5.2 | 4.0 |
| S-PP | | | | | | PP | | | | | | | 0.75 | 0.6 | 5.1 | 3.8 |
| F-P1 | 0.30 | 30 | 25 | 0 | 350.0 | PVA1 | 105.0 | 262.5 | 87.5 | 0 | 594.1 | 1392.9 | 0.70 | 1.5 | 6.0 | 3.3 |
| F-P2 | | | | | | PVA2 | | | | | | | 0.70 | 1.5 | 5.8 | 3.4 |
| F-PP | | | | | | PP | | | | | | | 0.70 | 1.5 | 6.2 | 3.9 |

注：纤维掺量为 0.9$kg/m^3$。

表 4–2　掺减缩剂混凝土配合比

| 编号 | 水胶比 | 砂率（%） | 粉煤灰（%） | 硅粉（%） | 胶材总量（$kg/m^3$） | 纤维（$kg/m^3$） | 材料用量（$kg/m^3$） | | | | | | JM-PCA（%） | ZB-1G（$1/10^4$） | 减缩剂（%） | 坍落度（cm） | 含气量（%） |
|---|---|---|---|---|---|---|---|---|---|---|---|---|---|---|---|---|---|
| | | | | | | | 水 | 水泥 | 粉煤灰 | 硅粉 | 砂 | 石 | | | | | |
| S-SRA | 0.33 | 32 | 30 | 5 | 327.3 | 0 | 108.0 | 212.7 | 98.2 | 16.4 | 634.3 | 1354.4 | 0.55 | 5.0 | 2.0 | 6.4 | 2.6 |
| S-SRA-P1 | 0.33 | 32 | 30 | 5 | 327.3 | 0.9 | 108.0 | 212.7 | 98.2 | 16.4 | 634.3 | 1354.4 | 0.75 | 5.0 | 2.0 | 6.6 | 2.8 |

表 4–3　掺减缩减水剂混凝土配合比

| 编号 | 水胶比 | 砂率（%） | 粉煤灰（%） | 硅粉（%） | 胶材总量（$kg/m^3$） | 纤维（$kg/m^3$） | 材料用量（$kg/m^3$） | | | | | | JM-PCA(Ⅳ)（%） | ZB-1G（$1/10^4$） | 坍落度（cm） | 含气量（%） |
|---|---|---|---|---|---|---|---|---|---|---|---|---|---|---|---|---|
| | | | | | | | 水 | 水泥 | 粉煤灰 | 硅粉 | 砂 | 石 | | | | |
| S-SRS | 0.33 | 32 | 30 | 5 | 318.2 | 0 | 105.0 | 206.8 | 95.5 | 15.9 | 639.5 | 1365.7 | 0.7 | 0.6 | 5.2 | 3.3 |
| S-SRS-P1 | 0.33 | 32 | 30 | 5 | 342.4 | 0.9 | 113.0 | 222.6 | 102.7 | 17.1 | 625.5 | 1335.7 | 0.7 | 0.6 | 5.4 | 3.2 |

表 4–4 掺膨胀剂混凝土配合比

| 编号 | 水胶比 | 砂率（%） | 粉煤灰（%） | 硅粉（%） | 胶材总量（$kg/m^3$） | 纤维（$kg/m^3$） | 材料用量（$kg/m^3$） | | | | | | JM-PCA（%） | ZB-1G（$1/10^4$） | 膨胀剂（$kg/m^3$） | 坍落度（cm） | 含气量（%） |
|---|---|---|---|---|---|---|---|---|---|---|---|---|---|---|---|---|---|
| | | | | | | | 水 | 水泥 | 粉煤灰 | 硅粉 | 砂 | 石 | | | | | |
| S-UEA | 0.33 | 32 | 30 | 5 | 327.3 | 0 | 108.0 | 212.7 | 98.2 | 16.4 | 624.6 | 1333.7 | 0.75 | 1.8 | 32.7 | 5.5 | 3.2 |
| S-UEA-P1 | 0.33 | 32 | 30 | 5 | 327.3 | 0.9 | 108.0 | 212.7 | 98.2 | 16.4 | 624.6 | 1333.7 | 0.85 | 1.2 | 32.7 | 5.3 | 3.6 |

注：膨胀剂采用外掺法，掺量为10%。

表 4–5 掺 JM–PCA Ⅲ减水剂混凝土配合比

| 编号 | 水胶比 | 砂率（%） | 粉煤灰（%） | 硅粉（%） | 胶材总量（$kg/m^3$） | 纤维（$kg/m^3$） | 材料用量（$kg/m^3$） | | | | | | JM-PCA Ⅲ（%） | ZB-1G（$1/10^4$） | 坍落度（cm） | 含气量（%） |
|---|---|---|---|---|---|---|---|---|---|---|---|---|---|---|---|---|
| | | | | | | | 水 | 水泥 | 粉煤灰 | 硅粉 | 砂 | 石 | | | | |
| S-P Ⅲ | 0.33 | 33 | 30 | 5 | 303.0 | 0 | 100.0 | 197.0 | 90.9 | 15.2 | 668.6 | 1364.0 | 0.50 | 0.6 | 6.8 | 3.4 |
| S-P Ⅲ -P1 | 0.33 | 32 | 30 | 5 | 321.2 | 0.9 | 106.0 | 208.8 | 96.4 | 16.1 | 637.8 | 1361.9 | 0.50 | 0.6 | 5.4 | 3.5 |

表 4–6 低热水泥抗冲磨混凝土配合比

| 编号 | 水胶比 | 砂率（%） | 粉煤灰（%） | 硅粉（%） | 胶材总量（$kg/m^3$） | 材料用量（$kg/m^3$） | | | | | | JM-PCA（%） | ZB-1G（$1/10^4$） | 坍落度（cm） | 含气量（%） |
|---|---|---|---|---|---|---|---|---|---|---|---|---|---|---|---|
| | | | | | | 水 | 水泥 | 粉煤灰 | 硅粉 | 砂 | 石 | | | | |
| S-JH | 0.33 | 32 | 30 | 5 | 327.3 | 108.0 | 212.7 | 98.2 | 16.4 | 634.3 | 1354.4 | 0.85 | 0.5 | 5.6 | 3.7 |
| F-JH | 0.30 | 30 | 25 | 0 | 346.7 | 105.0 | 262.5 | 87.5 | 0 | 594.1 | 1392.9 | 0.85 | 0.8 | 5.8 | 3.5 |

## 4.2 混凝土的坍落度和含气量损失

坍落度是混凝土和易性的测定方法与指标，坍落度过大，易造成混凝土骨料离析，过小则混凝土干硬不易流动，易造成难以摊铺和振捣施工，且在仓位内过早初凝，不利于施工。工地和实验室中，通常使用坍落度筒测定混凝土的坍落度，坍落度试验测定拌合物的流动性，并辅以直观经验评定黏聚性和保水性。

混凝土含气量是指混凝土中气体体积与混凝土单位体积的比值，通常以百分数表示。混凝土含气量直接影响混凝土的密实性、耐久性、强度及其他物理力学性能，控制混凝土含气量是保证混凝土质量的关键指标之一，通常在实验室内使用混凝土含气量测定仪进行测定。

通过 6 种试验组合分 0min、30min 和 60min 三个时长与基准混凝土坍落度进行了对比，混凝土的坍落度损失试验见表 4–7 及图 4–1。

**表 4–7　混凝土坍落度变化值**

| 序号 | 混凝土品种 | 编号 | 坍落度（cm） | | | 坍落度损失率（%） | | |
|---|---|---|---|---|---|---|---|---|
| | | | 0min | 30min | 60min | 0min | 30min | 60min |
| 1 | 基准混凝土 | S-33-30 | 5.6 | 3.0 | 1.4 | 0 | 46.4 | 75.0 |
| 2 | | F-30-25 | 6.8 | 4.6 | 1.3 | 0 | 32.4 | 80.9 |
| 3 | 纤维混凝土 | S-P1 | 5.6 | 3.1 | 2.5 | 0 | 44.6 | 55.4 |
| 4 | | S-P2 | 5.4 | 2.8 | 1.4 | 0 | 48.1 | 74.1 |
| 5 | | S-PP | 6.6 | 4.6 | 1.8 | 0 | 30.3 | 72.7 |
| 6 | | F-P1 | 6.2 | 4.0 | 2.5 | 0 | 35.5 | 59.7 |
| 7 | | F-P2 | 6.5 | 4.3 | 2.3 | 0 | 33.8 | 64.6 |
| 8 | | F-PP | 6.2 | 3.8 | 2.2 | 0 | 38.7 | 64.5 |
| 9 | 掺减缩剂混凝土 | S-SRA | 5.4 | 4.7 | 3.0 | 0 | 13.0 | 44.4 |
| 10 | | S-SRA-P1 | 5.8 | 4.5 | 3.2 | 0 | 22.4 | 44.8 |
| 11 | 掺减缩型减水剂混凝土 | S-SRS | 5.4 | 3.2 | 2.1 | 0 | 40.7 | 61.1 |
| 12 | | S-SRS-P1 | 5.5 | 3.0 | 1.6 | 0 | 45.5 | 70.9 |
| 13 | 掺膨胀剂混凝土 | S-UEA | 5.0 | 4.2 | 2.1 | 0 | 16.0 | 58.0 |
| 14 | | S-UEA-P1 | 5.4 | 4.0 | 2.3 | 0 | 25.9 | 57.4 |

续表

| 序号 | 混凝土品种 | 编号 | 坍落度（cm） | | | 坍落度损失率（%） | | |
|---|---|---|---|---|---|---|---|---|
| | | | 0min | 30min | 60min | 0min | 30min | 60min |
| 15 | 掺 JM-PCA Ⅲ减水剂混凝土 | S-P Ⅲ | 5.2 | 2.1 | 0.8 | 0 | 59.6 | 84.6 |
| 16 | | S-P Ⅲ -P1 | 5.5 | 2.8 | 1.0 | 0 | 49.1 | 81.8 |
| 17 | 低热水泥混凝土 | S-JH | 5.6 | 3.3 | 2.3 | 0 | 41.1 | 58.9 |
| 18 | | F-JH | 5.8 | 4.2 | 3.4 | 0 | 27.6 | 41.4 |

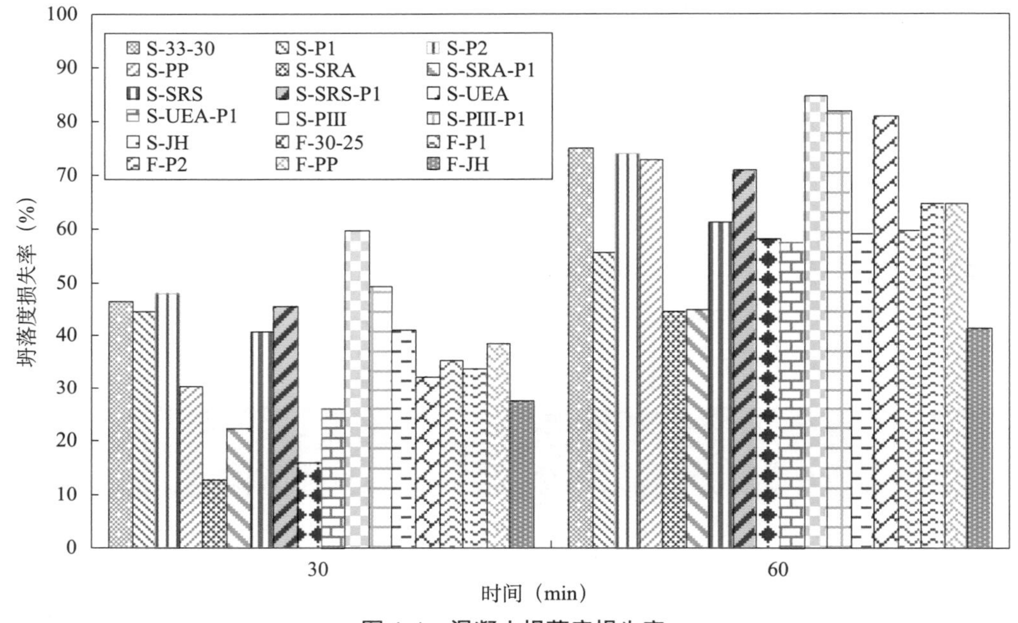


图 4-1　混凝土坍落度损失率

由表 4-7 试验结果对比和图 4-1 数据分析结果表明：

（1）不同试验组合混凝土的坍落度损失均较大，60min 后除低热水泥粉煤灰混凝土和掺减缩剂混凝土的坍落度损失在 40% 左右外，其他混凝土的坍落度损失均超过 50%。

（2）除编号为 S-P Ⅲ掺 JM-PCA Ⅲ减水剂混凝土外，其他试验组合混凝土较基准混凝土而言，坍落度损失率均有所降低，其中，编号为 S-SRA 掺减缩剂混凝土坍落度损失率最低。

（3）掺纤维后混凝土的坍落度损失变小。

（4）掺减缩剂后混凝土的坍落度损失较小。

（5）两种水泥对比，低热水泥混凝土的坍落度损失较小。

混凝土含气量变化值见表 4-8 和图 4-2。

表 4–8　混凝土含气量变化值

| 序号 | 混凝土品种 | 编号 | 含气量（%） | | | 含气量损失率（%） | | |
|---|---|---|---|---|---|---|---|---|
| | | | 0min | 30min | 60min | 0min | 30min | 60min |
| 1 | 基准混凝土 | S-33-30 | 3.6 | 3.2 | 2.8 | 0 | 11.1 | 28.6 |
| 2 | | F-30-25 | 3.8 | 3.7 | 3.4 | 0 | 2.6 | 11.8 |
| 3 | 纤维混凝土 | S-P1 | 4.3 | 4.2 | 3.9 | 0 | 2.3 | 10.3 |
| 4 | | S-P2 | 3.8 | 3.6 | 3.1 | 0 | 5.3 | 22.6 |
| 5 | | S-PP | 4.2 | 4.1 | 3.2 | 0 | 2.4 | 31.3 |
| 6 | | F-P1 | 3.9 | 3.8 | 3.5 | 0 | 2.6 | 11.4 |
| 7 | | F-P2 | 3.8 | 3.6 | 3.1 | 0 | 5.3 | 22.6 |
| 8 | 纤维混凝土 | F-PP | 3.6 | 3.4 | 3.0 | 0 | 5.6 | 20.0 |
| 9 | 掺减缩剂混凝土 | S-SRA | 2.8 | 2.6 | 2.5 | 0 | 7.1 | 12.0 |
| 10 | | S-SRA-P1 | 3.0 | 2.8 | 2.5 | 0 | 6.7 | 20.0 |
| 11 | 掺减缩型减水剂混凝土 | S-SRS | 3.2 | 3.0 | 2.9 | 0 | 6.3 | 10.3 |
| 12 | | S-SRS-P1 | 3.3 | 3.1 | 2.9 | 0 | 6.1 | 13.8 |
| 13 | 掺膨胀剂混凝土 | S-UEA | 3.1 | 3.1 | 2.8 | 0 | 0.0 | 10.7 |
| 14 | | S-UEA-P1 | 3.6 | 3.5 | 3.1 | 0 | 2.8 | 16.1 |
| 15 | 掺 JM-PCA Ⅲ减水剂混凝土 | S-P Ⅲ | 3.4 | 3.1 | 2.6 | 0 | 8.8 | 30.8 |
| 16 | | S-P Ⅲ -P1 | 4.0 | 3.3 | 3.1 | 0 | 17.5 | 29.0 |
| 17 | 低热水泥混凝土 | S-JH | 4.3 | 4.0 | 3.6 | 0 | 7.0 | 19.4 |
| 18 | | F-JH | 3.5 | 3.5 | 3.4 | 0 | 0.0 | 2.9 |

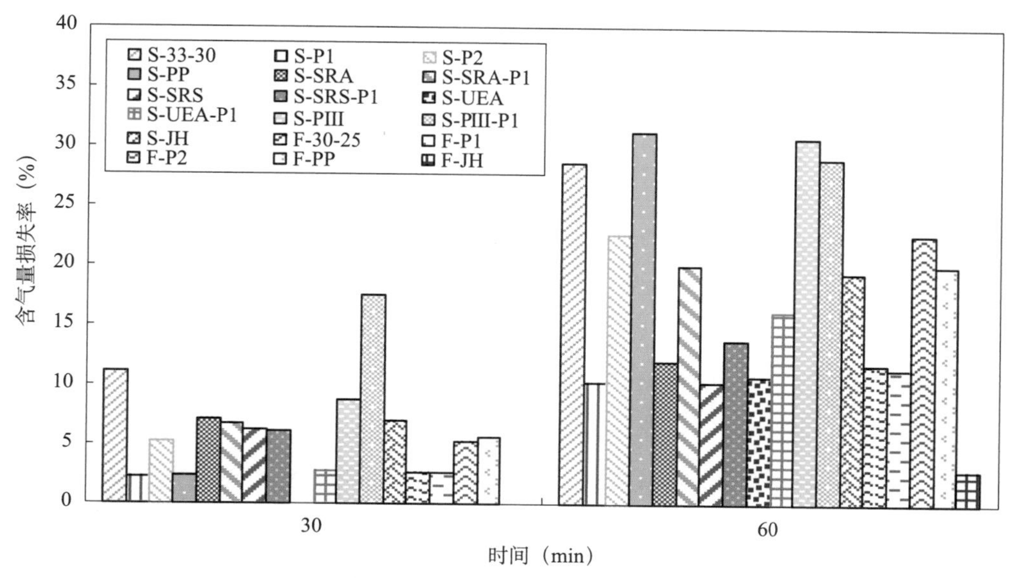


图 4–2　混凝土含气量损失率

由表 4–8 试验结果对比和图 4–2 数据分析结果表明：

（1）通过 6 种试验组合分 0min、30min 和 60min 三个时长混凝土的含气量损失较小，30min 后含气量损失了 0%~17.5%，60min 后含气量损失了 2.9%~33.3%。

（2）除编号为 S–PP 掺纤维的混凝土和编号为 S–P Ⅲ掺 JM–PCA Ⅲ减水剂混凝土外，其他试验组合混凝土较基准混凝土而言，含气量损失率均有所降低，其中，编号为 F–JH 低热水泥混凝土含气量损失率最低。

## 4.3 对抗压强度和劈拉强度的影响

为研究硅粉和粉煤灰对混凝土抗压强度和劈拉强度的影响，分别开展了掺硅粉和粉煤灰配合比混凝土抗压强度和劈拉强度的研究，硅粉系列混凝土抗压强度、劈拉强度试验结果分别见表 4–9 和表 4–11，粉煤灰系列混凝土抗压强度、劈拉强度试验结果分别见表 4–10 和表 4–12。

**表 4–9　硅粉系列混凝土抗压强度试验结果**

| 序号 | 混凝土品种 | 编号 | 抗压强度（MPa） | | | | 抗压强度比（%） | | | |
|---|---|---|---|---|---|---|---|---|---|---|
| | | | 7d | 28d | 90d | 180d | 7d | 28d | 90d | 180d |
| 1 | 硅粉混凝土 | S-33-30 | 34.3 | 54.1 | 63.0 | 66.2 | 100 | 100 | 100 | 100 |
| 2 | 纤维混凝土 | S-P1 | 34.2 | 55.6 | 63.3 | 66.4 | 99.7 | 102.8 | 100.5 | 100.3 |
| 3 | | S-P2 | 36.2 | 54.3 | 63.5 | 70.7 | 105.5 | 100.4 | 100.8 | 106.8 |
| 4 | | S-PP | 34.0 | 52.8 | 64.9 | 67.3 | 99.1 | 97.6 | 103.0 | 101.7 |
| 5 | 掺减缩剂混凝土 | S-SRA | 36.8 | 59.4 | 68.1 | 71.4 | 107.3 | 109.8 | 108.1 | 107.9 |
| 6 | | S-SRA-P1 | 35.7 | 57.7 | 68.7 | 71.5 | 104.1 | 106.7 | 109.0 | 108.0 |
| 7 | 掺减缩型减水剂混凝土 | S-SRS | 32.4 | 53.9 | 67.8 | 70.8 | 94.5 | 99.6 | 107.6 | 106.9 |
| 8 | | S-SRS-P1 | 32.5 | 53.5 | 64.0 | 68.7 | 94.8 | 98.9 | 101.6 | 103.8 |
| 9 | 掺膨胀剂混凝土 | S-UEA | 35.6 | 60.8 | 68.5 | 74.0 | 103.8 | 112.4 | 108.7 | 111.8 |
| 10 | | S-UEA-P1 | 36.6 | 59.7 | 68.0 | 73.2 | 106.7 | 110.4 | 107.9 | 110.6 |
| 11 | 掺 JM-PCA Ⅲ减水剂混凝土 | S-P Ⅲ | 36.5 | 55.4 | 63.4 | 67.5 | 106.4 | 102.4 | 100.6 | 102.0 |
| 12 | | S-P Ⅲ -P1 | 34.7 | 53.7 | 64.6 | 70.2 | 101.2 | 99.3 | 102.5 | 106.0 |
| 13 | 低热水泥 | S-JH | 23.5 | 55.2 | 64.5 | 68.5 | 68.5 | 102.0 | 102.4 | 103.5 |

表 4–10　粉煤灰系列混凝土抗压强度试验结果

| 序号 | 混凝土品种 | 编号 | 抗压强度（MPa） | | | | 抗压强度比（%） | | | |
|---|---|---|---|---|---|---|---|---|---|---|
| | | | 7d | 28d | 90d | 180d | 7d | 28d | 90d | 180d |
| 1 | 粉煤灰混凝土 | F-30-25 | 42.3 | 58.7 | 67.1 | 73.0 | 100 | 100 | 100 | 100 |
| 2 | 纤维混凝土 | F-P1 | 42.7 | 61.3 | 67.0 | 71.2 | 100.9 | 104.4 | 99.9 | 97.5 |
| 3 | | F-P2 | 41.4 | 58.0 | 68.1 | 73.7 | 97.9 | 98.8 | 101.5 | 101.0 |
| 4 | | F-PP | 41.0 | 58.2 | 68.6 | 69.9 | 96.9 | 99.1 | 102.2 | 95.8 |
| 5 | 低热水泥 | F-JH | 32.1 | 60.6 | 68.2 | 74.6 | 75.9 | 103.2 | 101.6 | 102.2 |

由表 4–9 和表 4–10 试验结果数据显示：

（1）掺硅粉的混凝土 7d 抗压强度最低为 23.5MPa（编号为 S–JH 的低热水泥配合比），最高为 36.8MPa（编号为 S–SRA 的掺减缩剂的中热水泥配合比），28d 抗压强度均大于 52.8MPa，90d 抗压强度均大于 63.0MPa，180d 抗压强度均大于 62.2MPa。

（2）掺粉煤灰的混凝土 7d 抗压强度最低为 32.1MPa（编号为 F–JH 的低热水泥配合比），最高为 42.7MPa（编号为 F–P1 的掺纤维的中热水泥配合比），28d 抗压强度均大于 58.0MPa，90d 抗压强度均大于 67.0MPa，180d 抗压强度均大于 71.2MPa。

（3）试验结果成果表明，掺粉煤灰混凝土抗压强度优于掺硅粉混凝土。

表 4–11　硅粉系列混凝土劈拉强度试验结果

| 序号 | 混凝土品种 | 编号 | 劈拉强度（MPa） | | | | 劈拉强度比（%） | | | |
|---|---|---|---|---|---|---|---|---|---|---|
| | | | 7d | 28d | 90d | 180d | 7d | 28d | 90d | 180d |
| 1 | 硅粉混凝土 | S-33-30 | 2.30 | 3.38 | 3.47 | 3.68 | 100 | 100 | 100 | 100 |
| 2 | 纤维混凝土 | S-P1 | 2.25 | 3.44 | 3.55 | 3.82 | 97.8 | 101.8 | 102.3 | 103.8 |
| 3 | | S-P2 | 2.74 | 3.30 | 3.54 | 3.77 | 119.1 | 97.6 | 102.0 | 102.4 |
| 4 | | S-PP | 2.42 | 3.53 | 3.76 | 3.89 | 105.2 | 104.4 | 108.4 | 105.7 |
| 5 | 掺减缩剂混凝土 | S-SRA | 2.33 | 3.40 | 3.86 | 4.12 | 101.3 | 100.6 | 111.2 | 112.0 |
| 6 | | S-SRA-P1 | 2.54 | 3.46 | 4.02 | 4.13 | 110.4 | 102.4 | 115.9 | 112.2 |
| 7 | 掺减缩型减水剂混凝土 | S-SRS | 2.09 | 3.32 | 3.85 | 4.21 | 90.9 | 98.2 | 111.0 | 114.4 |
| 8 | | S-SRS-P1 | 2.44 | 3.45 | 4.02 | 4.29 | 106.1 | 102.1 | 115.9 | 116.6 |
| 9 | 掺膨胀剂混凝土 | S-UEA | 2.33 | 3.76 | 3.89 | 4.25 | 101.3 | 111.2 | 112.1 | 115.5 |
| 10 | | S-UEA-P1 | 2.43 | 3.82 | 4.01 | 4.32 | 105.7 | 113.0 | 115.6 | 117.4 |
| 11 | 掺 JM-PCA Ⅲ减水剂混凝土 | S-P Ⅲ | 2.37 | 3.65 | 3.62 | 3.85 | 103.0 | 108.0 | 104.3 | 104.6 |
| 12 | | S-P Ⅲ -P1 | 2.23 | 3.70 | 3.67 | 4.05 | 97.0 | 109.5 | 105.8 | 110.1 |
| 13 | 低热水泥 | S-JH | 1.44 | 3.37 | 3.54 | 3.86 | 62.6 | 99.7 | 102.0 | 104.9 |

表 4-12　粉煤灰系列混凝土劈拉强度试验结果

| 序号 | 混凝土品种 | 编号 | 劈拉强度（MPa） | | | | 劈拉强度比（%） | | | |
|---|---|---|---|---|---|---|---|---|---|---|
| | | | 7d | 28d | 90d | 180d | 7d | 28d | 90d | 180d |
| 1 | 粉煤灰混凝土 | F-30-25 | 2.55 | 3.40 | 3.72 | 4.07 | 100 | 100 | 100 | 100 |
| 2 | 纤维混凝土 | F-P1 | 2.89 | 3.54 | 3.96 | 4.19 | 113.3 | 104.1 | 106.5 | 102.9 |
| 3 | | F-P2 | 2.79 | 3.55 | 3.80 | 4.12 | 109.4 | 104.4 | 102.2 | 101.2 |
| 4 | | F-PP | 2.83 | 3.46 | 3.91 | 4.32 | 111.0 | 101.8 | 105.1 | 106.1 |
| 5 | 低热水泥 | F-JH | 2.30 | 3.40 | 3.76 | 4.22 | 90.2 | 100.0 | 101.1 | 103.7 |

由表 4-11 和表 4-12 试验结果数据显示：

（1）掺硅粉的混凝土 7d 劈拉强度最低为 1.44MPa（编号为 S-JH 的低热水泥配合比），最高为 2.74MPa（编号为 S-P2 的掺纤维的中热水泥配合比），28d 劈拉强度均大于 3.30MPa，90d 劈拉强度均大于 3.47MPa，180d 劈拉强度均大于 3.68MPa。

（2）掺粉煤灰的混凝土 7d 劈拉强度最低为 2.30MPa（编号为 F-JH 的低热水泥配合比），最高为 2.89MPa（编号为 F-P1 的掺纤维的中热水泥配合比），28d 劈拉强度均大于 3.40MPa，90d 劈拉强度均大于 3.72MPa，180d 劈拉强度均大于 4.07MPa。

（3）试验结果成果表明，掺粉煤灰混凝土劈拉强度优于掺硅粉混凝土。

### 4.3.1　纤维的影响

为研究不同纤维品种对掺硅粉和掺粉煤灰混凝土抗压强度、劈拉强度的影响，针对不同纤维品种相同掺量情况下的试验研究，研究成果见图 4-3~ 图 4-6。

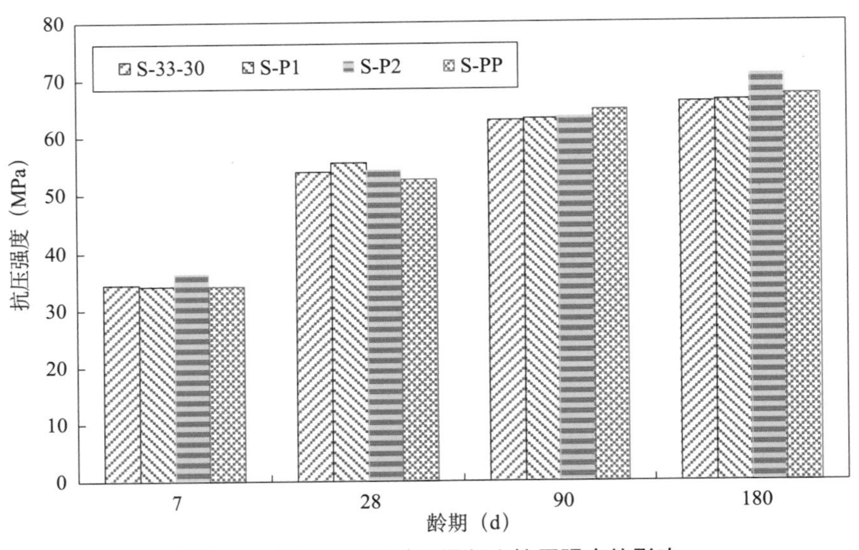


图 4-3　纤维品种对硅粉混凝土抗压强度的影响

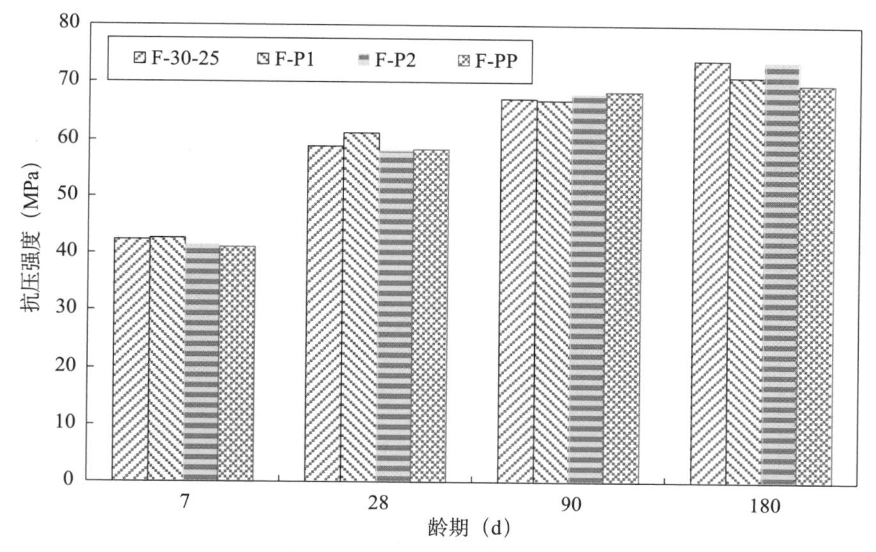


图 4-4　纤维品种对粉煤灰混凝土抗压强度的影响

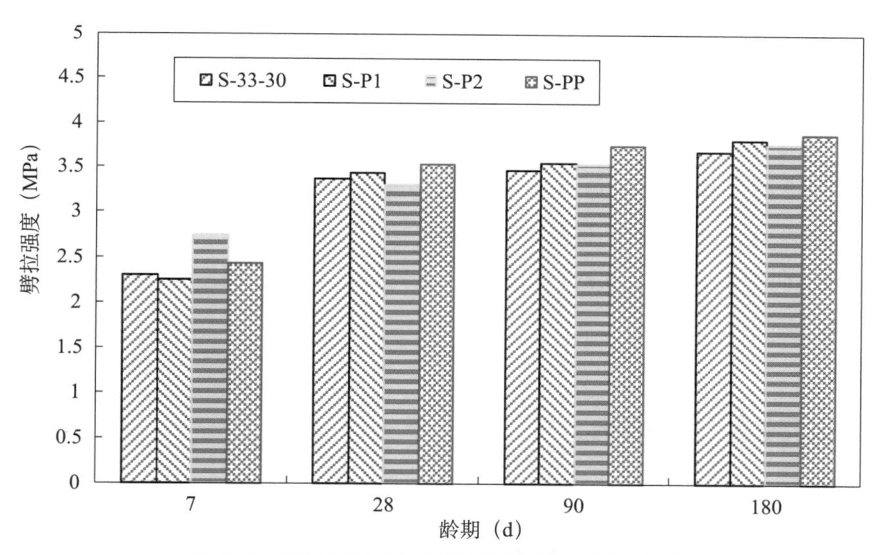


图 4-5　纤维品种对硅粉混凝土劈拉强度的影响

试验结果数据分析表明：

（1）纤维对混凝土的强度影响很小。

（2）PVA1 硅粉混凝土 7d、28d、90d 和 180d 抗压强度分别为基准混凝土的 99.7%、102.8%、100.5% 和 100.3%，劈拉强度分别为基准混凝土的 97.8%、101.8%、102.3% 和 103.8%。

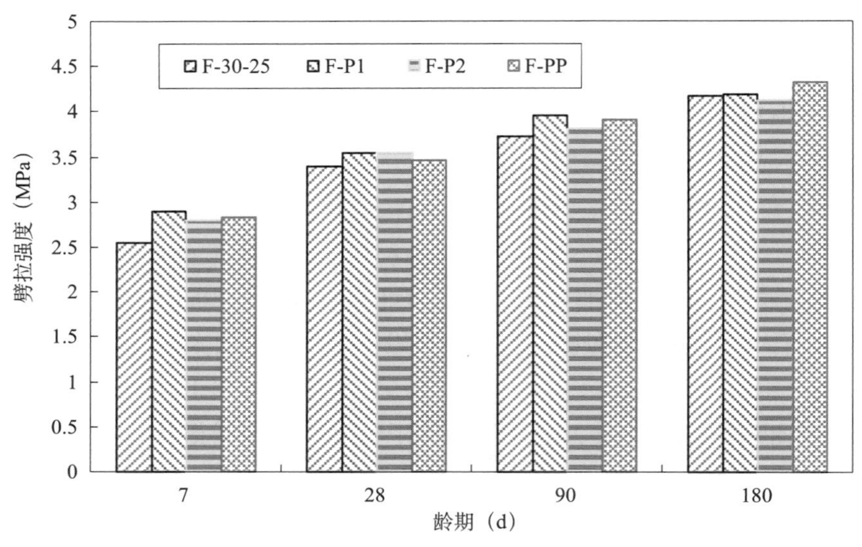


图 4-6　纤维品种对粉煤灰混凝土劈拉强度的影响

### 4.3.2　减缩剂的影响

掺 JM-SRA 减缩剂后，混凝土的强度比基准混凝土略有提高。不掺纤维、掺减缩剂混凝土 7d、28d、90d 和 180d 抗压强度比基准混凝土分别增加 7.3%、9.8%、8.1% 和 7.9%，劈拉强度比基准混凝土分别增加 1.3%、0.6%、11.2% 和 12.0%。复掺 PVA1 纤维后抗压强度分别提高 4.1%、6.7%、9.0% 和 8.9%，劈拉强度比分别增加 10.4%、2.4%、15.9% 和 12.2%。

### 4.3.3　减缩减水剂的影响

掺 JM-PCA(IV) 减缩减水剂后，混凝土 7d、28d 强度略有降低，90d、180d 强度略有提高。掺减缩减水剂混凝土 7d、28d、90d 和 180d 抗压强度分别为基准混凝土的 94.5%、99.6%、107.6% 和 106.9，劈拉强度分别为基准混凝土的 90.9%、98.2%、111.0% 和 114.4%。

### 4.3.4　膨胀剂的影响

膨胀剂采用外掺法，其用量未计入胶凝材料中，掺入膨胀剂后混凝土的强度提高。掺膨胀剂混凝土 7d、28d、90d 和 180d 抗压强度比基准混凝土分别增加 3.8%、12.4%、8.7% 和 10.8%，劈拉强度比基准混凝土分别增加 1.3%、11.2%、12.1% 和 15.5%。

## 4.3.5　JM-PCA Ⅲ减水剂的影响

掺 JM–PCA Ⅲ减水剂混凝土的抗压强度和劈拉强度略有提高。

## 4.3.6　低热水泥的影响

为验证低热水泥掺硅粉和粉煤灰拌制的抗冲耐磨混凝土的可行性，专门开展了低热水泥对混凝土抗压强度、劈拉强度的影响研究，成果见图 4–7、图 4–8。

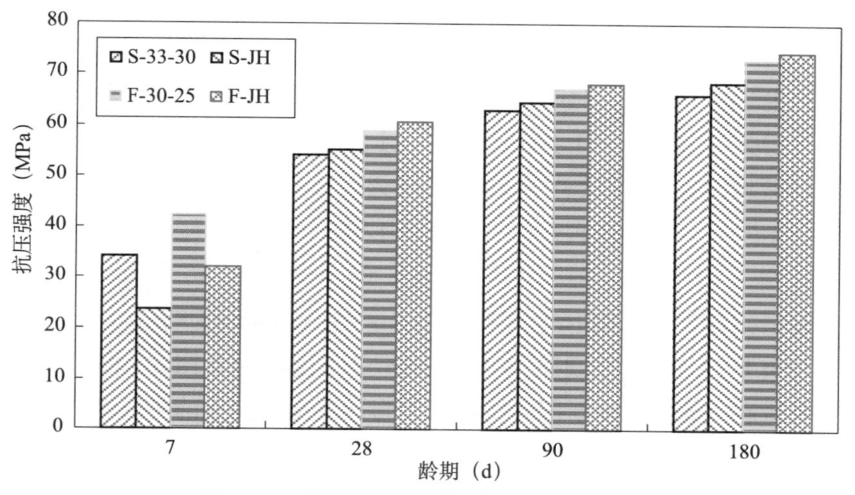


图 4–7　低热水泥对混凝土抗压强度的影响

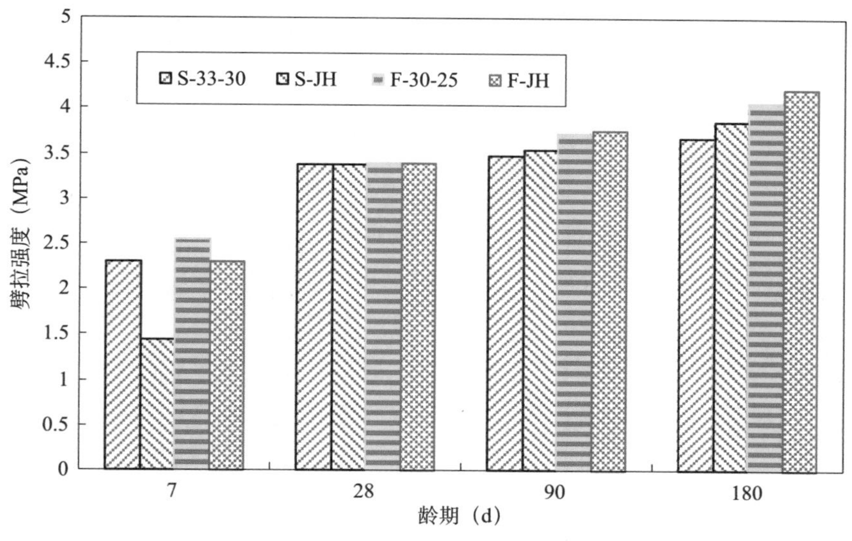


图 4–8　低热水泥对混凝土劈拉强度的影响

试验结果数据分析表明：

（1）低热水泥具有早期强度较低，后期强度发展较快的特点。

（2）在28d后抗压强度与中热水泥持平或略高。低热水泥硅粉混凝土7d抗压强度仅为中热水泥的68.5%，28d抗压强度为中热水泥的102%，90d抗压强度为中热水泥的102.4%，180d抗压强度为中热水泥的103.5%。

（3）在28d后劈拉强度与中热水泥持平或略高。低热水泥硅粉混凝土7d劈拉强度仅为中热水泥的62.6%，28d劈拉强度为中热水泥的99.7%，90d劈拉强度为中热水泥的102.0%，180d劈拉强度为中热水泥的104.9%。

（4）试验结果表明，低热水泥可用于抗冲耐磨混凝土拌制。

## 4.4 对极限拉伸的影响

本项目极限拉伸试验试件尺寸选择为100mm×100mm×550mm，变形值测量采用差动式数字位移传感器测量，测距为200mm，最小读数为0.1μm。根据轴向拉伸测得的应力与应变关系，通过试件断裂时的最大应力计算出混凝土的极限拉伸值。极限拉伸试验结果见表4–13和表4–14。

**表4–13　混凝土极限拉伸试验结果（硅粉系列）**

| 序号 | 混凝土品种 | 编号 | 极限拉伸值（$\times10^{-6}$） | | | 极限拉伸比（%） | | |
|---|---|---|---|---|---|---|---|---|
| | | | 28d | 90d | 180d | 28d | 90d | 180d |
| 1 | 硅粉混凝土 | S-33-30 | 100 | 106 | 115 | 100 | 100 | 100 |
| 2 | 纤维混凝土 | S-P1 | 110 | 118 | 120 | 110 | 111 | 104 |
| 3 | | S-P2 | 108 | 112 | 115 | 108 | 106 | 100 |
| 4 | | S-PP | 97 | 110 | 115 | 97 | 104 | 100 |
| 5 | 掺减缩剂混凝土 | S-SRA | 101 | 113 | 117 | 101 | 107 | 102 |
| 6 | | S-SRA-P1 | 106 | 115 | 120 | 106 | 108 | 104 |
| 7 | 掺减缩型减水剂混凝土 | S-SRS | 98 | 110 | 117 | 98 | 104 | 102 |
| 8 | | S-SRS-P1 | 108 | 116 | 118 | 108 | 109 | 105 |
| 9 | 掺膨胀剂混凝土 | S-UEA | 109 | 114 | 118 | 109 | 108 | 103 |
| 10 | | S-UEA-P1 | 115 | 118 | 121 | 115 | 111 | 105 |
| 11 | 掺JM-PCA Ⅲ减水剂混凝土 | S-P Ⅲ | 99 | 110 | 115 | 99 | 104 | 100 |
| 12 | | S-P Ⅲ -P1 | 103 | 112 | 120 | 103 | 106 | 104 |

续表

| 序号 | 混凝土品种 | 编号 | 极限拉伸值（$\times10^{-6}$） | | | 极限拉伸比（%） | | |
|---|---|---|---|---|---|---|---|---|
| | | | 28d | 90d | 180d | 28d | 90d | 180d |
| 13 | 低热水泥 | S-JH | 101 | 111 | 117 | 101 | 105 | 102 |

**表 4–14　混凝土极限拉伸试验结果（粉煤灰系列）**

| 序号 | 混凝土品种 | 编号 | 极限拉伸值（$\times10^{-6}$） | | | 极限拉伸比（%） | | |
|---|---|---|---|---|---|---|---|---|
| | | | 28d | 90d | 180d | 28d | 90d | 180d |
| 1 | 粉煤灰混凝土 | F-30-25 | 95 | 104 | 111 | 100 | 100 | 100 |
| 2 | 纤维混凝土 | F-P1 | 96 | 108 | 118 | 101 | 104 | 106 |
| 3 | | F-P2 | 92 | 107 | 112 | 97 | 103 | 101 |
| 4 | | F-PP | 97 | 102 | 110 | 102 | 98 | 99 |
| 5 | 低热水泥 | F-JH | 96 | 108 | 115 | 101 | 104 | 104 |

试件极限拉伸试验结果表明：掺硅粉混凝土 28d、90d 和 180d 极限拉伸值均高于掺粉煤灰混凝土。

## 4.4.1　纤维的影响

为探明纤维品种对掺硅粉和掺粉煤灰混凝土极限拉伸的影响，根据不同品种、同配合比、相同纤维掺量开展了混凝土极限拉伸试验研究，研究结果见图 4–9 和图 4–10。

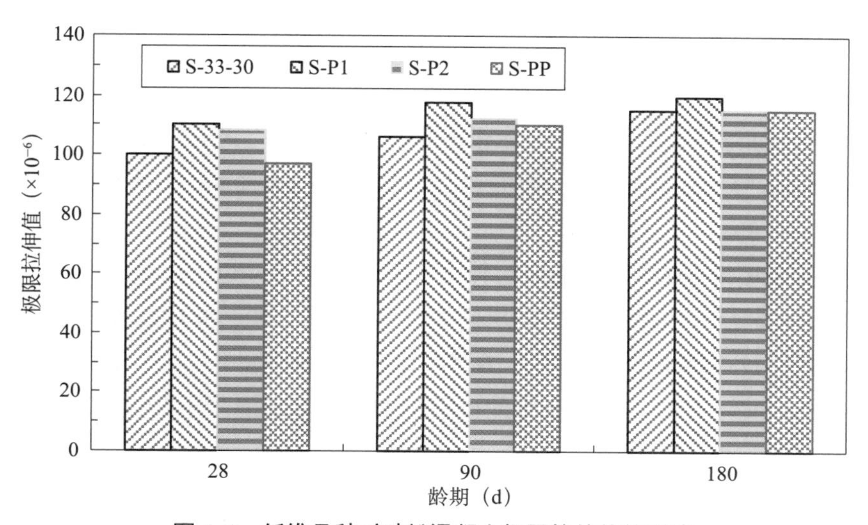


图 4–9　纤维品种对硅粉混凝土极限拉伸值的影响

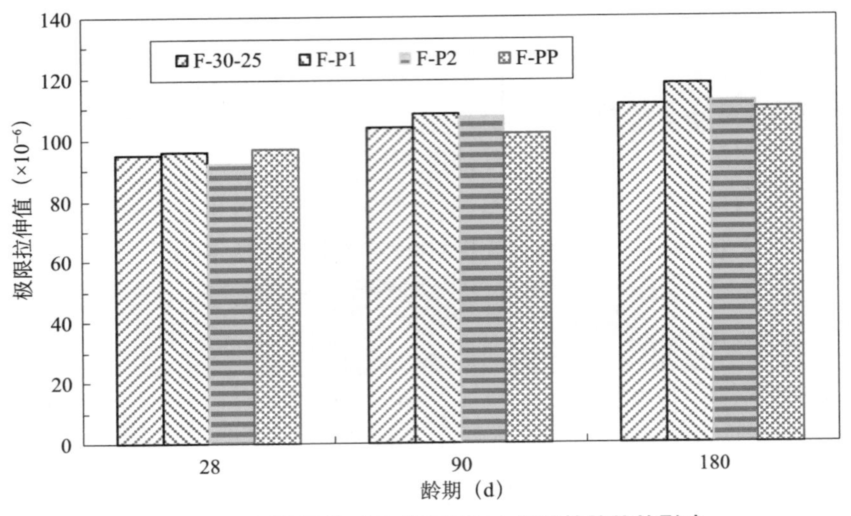


图 4-10　纤维品种对粉煤灰混凝土极限拉伸值的影响

试验结果数据分析表明：

（1）掺 PVA1 纤维硅粉混凝土 28d、90d 和 180d 极限拉伸值比硅粉基准混凝土分别增加 10%、11% 和 4%，掺 PVA2 纤维混凝土的 28d、90d 和 180d 极限拉伸值比硅粉混凝土分别增加 8%、6% 和 0%，而掺 PP 纤维混凝土的极限拉伸值与硅粉混凝土相当。

（2）掺纤维后粉煤灰混凝土极限拉伸值的变化规律与硅粉混凝土相同。

（3）掺不同外加剂后，与 PVA1 纤维复掺后混凝土的极限拉伸值略有提高；因此，从提高混凝土极限拉伸值考虑，PVA1 纤维的改善效果最好。

### 4.4.2　外加剂的影响

为验证外加剂品种对掺硅粉和掺粉煤灰混凝土极限拉伸的影响，根据不同品种、同配合比、相同外加剂掺量开展了混凝土极限拉伸试验研究，试验结果数据表明：

（1）掺减缩剂混凝土的极限拉伸值比基准混凝土略有提高，28d、90d 和 180d 分别提高 1%、7% 和 2%。

（2）掺减缩减水剂混凝土的极限拉伸值与基准混凝土接近。

（3）掺膨胀剂后，混凝土的极限拉伸值提高，28d、90d 和 180d 分别提高 9%、8% 和 3%，这与采用外掺膨胀剂后混凝土的浆材比例增加有关。

（4）掺 JM-PCA Ⅲ减水剂混凝土的极限拉伸值与基准混凝土接近。

### 4.4.3　低热水泥的影响

低热水泥与中热水泥两种不同品种水泥，配制的硅粉混凝土和粉煤灰混凝土在各龄期的极限拉伸值相差不大，低热水泥混凝土的极限拉伸值略高于中热水泥混凝土。

## 4.5 混凝土干缩

混凝土干缩性是水泥混凝土在使用过程中不可避免的一种有害体积变化。水泥混凝土的水分在空气中蒸发（失水干燥），引起混凝土体积收缩的一种现象。失水干燥是一种普遍的而且是难以避免的物理化学行为，混凝土的干燥收缩与混凝土内部水分的迁移及孔隙特征有关，一般与混凝土的水灰比和骨料含量、不同的骨料种类和相对湿度有关，混凝土干缩性能对施工后的混凝土表现裂缝有直接影响。

本项目试验中混凝土干缩试件选择 100mm × 100mm × 500mm 的棱柱体，湿养 24h 后拆模，测量基长。干缩试验室温度控制为 20℃ ± 2℃，相对湿度控制为 60% ± 5%。

### 4.5.1 基准混凝土对比

掺硅粉混凝土和掺粉煤灰混凝土的干缩率与龄期的关系曲线见图 4-11。

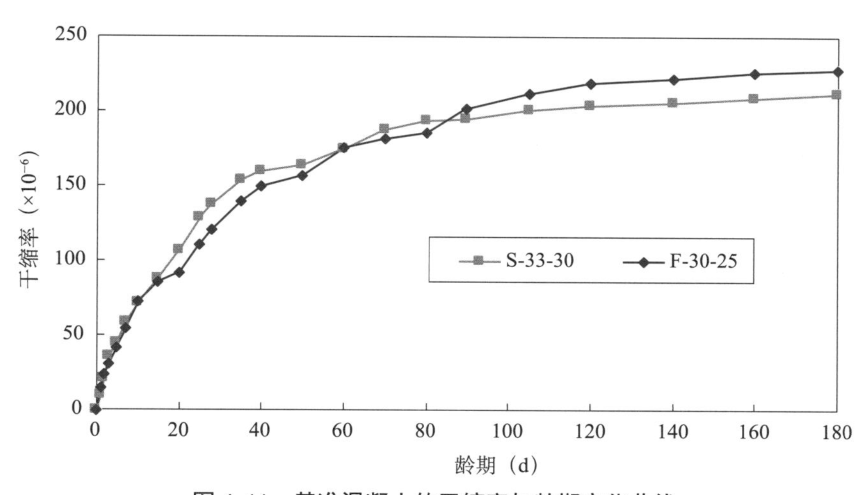


图 4-11　基准混凝土的干缩率与龄期变化曲线

试验结果数据分析表明：

（1）两种混凝土的干缩率随龄期发展曲线基本一致。

（2）掺粉煤灰混凝土 80d 前的干缩值略低，80d 以后逐渐超过掺硅粉混凝土。180d 龄期时，掺硅粉和掺粉煤灰两个基准混凝土的干缩率分别为 $212 \times 10^{-6}$ 和 $228 \times 10^{-6}$。

### 4.5.2 纤维品种的影响

纤维品种对掺硅粉混凝土和掺粉煤灰混凝土干缩的影响见图 4-12 和图 4-13。

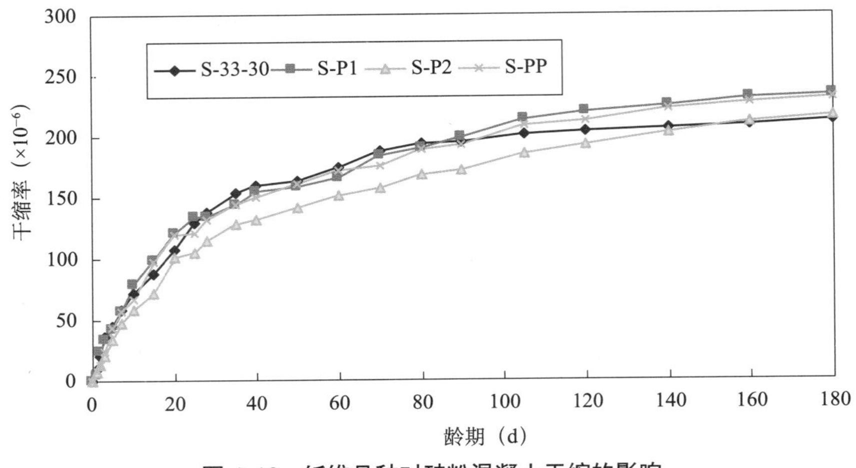


图 4-12　纤维品种对硅粉混凝土干缩的影响

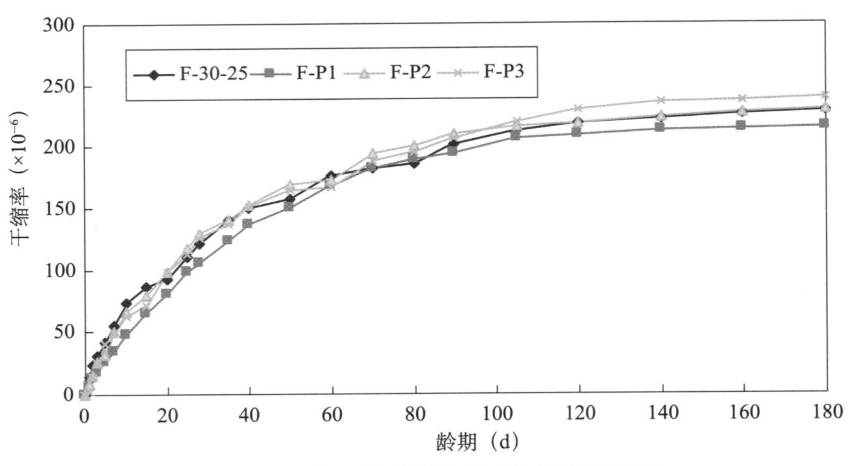


图 4-13　纤维品种对粉煤灰混凝土干缩的影响

试验结果数据分析表明：

（1）与基准混凝土相比，纤维对掺硅粉混凝土和掺粉煤灰混凝土的干缩影响较小，在早龄期（7d 以前）有一定的抑制效果，后期混凝土的干缩值略有增加（PVA1 粉煤灰混凝土除外）。

（2）纤维与减缩减水剂、膨胀剂及 JM-PCA Ⅲ减水剂复掺后，掺硅粉混凝土和掺粉煤灰混凝土的干缩呈增加趋势。

### 4.5.3　减缩剂的影响

减缩剂对硅粉混凝土干缩的影响见图 4–14。

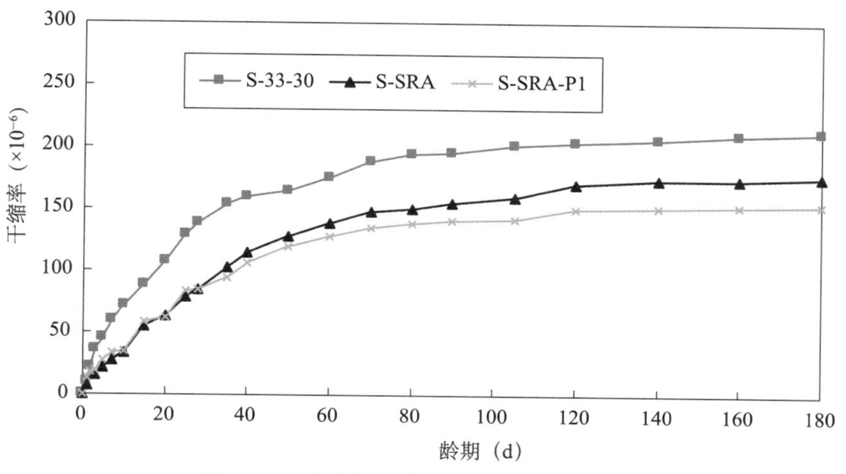


图 4–14　减缩剂对硅粉混凝土干缩的影响

试验结果数据分析表明：

（1）掺减缩剂后，与基准混凝土相比干缩明显减小。

（2）180d 龄期时，掺减缩剂混凝土的干缩率为 $176\times10^{-6}$，与 PVA1 复掺后混凝土的干缩率为 $154\times10^{-6}$，两种混凝土最终干缩值比硅粉混凝土分别降低了 17% 和 27%。

### 4.5.4　减缩减水剂的影响

减缩减水剂对硅粉混凝土干缩的影响见图 4–15。

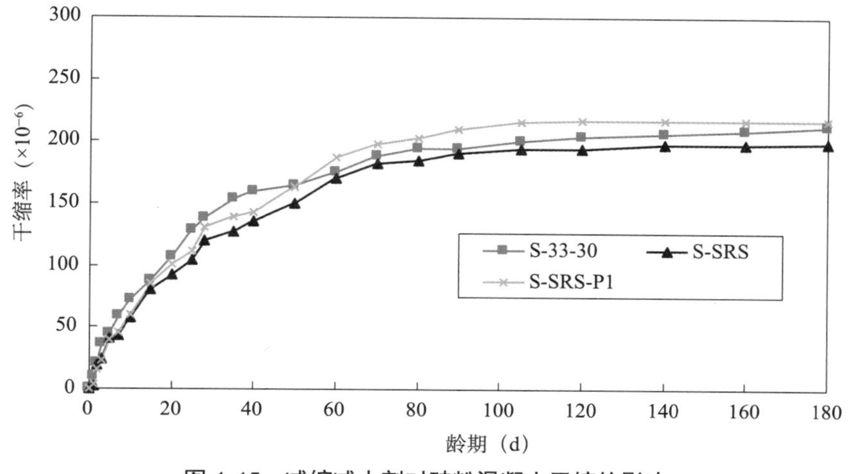


图 4–15　减缩减水剂对硅粉混凝土干缩的影响

试验结果数据分析表明，掺减缩减水剂混凝土与硅粉混凝土的干缩率随龄期发展曲线基本一致，减缩减水剂对混凝土的减缩效果不如减缩剂明显。

### 4.5.5 膨胀剂的影响

膨胀剂对硅粉混凝土干缩的影响见图 4–16。

试验结果数据分析表明：

（1）掺膨胀剂后，混凝土的干缩明显增加。

（2）180d 龄期时，掺膨胀剂混凝土的干缩率为 $286\times10^{-6}$，与 PVA1 复掺后混凝土的干缩率为 $325\times10^{-6}$，比硅粉混凝土分别增加了 35% 和 53%。

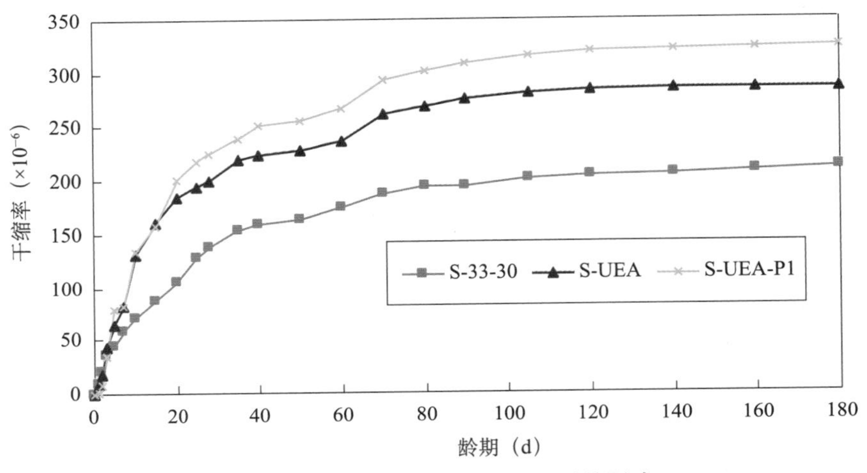


图 4–16 膨胀剂对硅粉混凝土干缩的影响

### 4.5.6 JM-PCA Ⅲ减水剂的影响

JM–PCA Ⅲ减水剂对混凝土性能影响见图 4 –17。

试验结果数据分析表明：

（1）掺 JM–PCA Ⅲ减水剂混凝土的干缩率与基准混凝土相比略有增加。

（2）180d龄期时，硅粉混凝土的干缩率为 $212\times10^{-6}$，掺 JM–PCA Ⅲ减水剂混凝土的干缩率为 $228\times10^{-6}$，复掺 PVA1 的 JM–PCA Ⅲ减水剂混凝土的干缩率为 $242\times10^{-6}$。

### 4.5.7 低热水泥的影响

低热水泥和中热水泥两种水泥对混凝土干缩性能的影响见图 4–18。

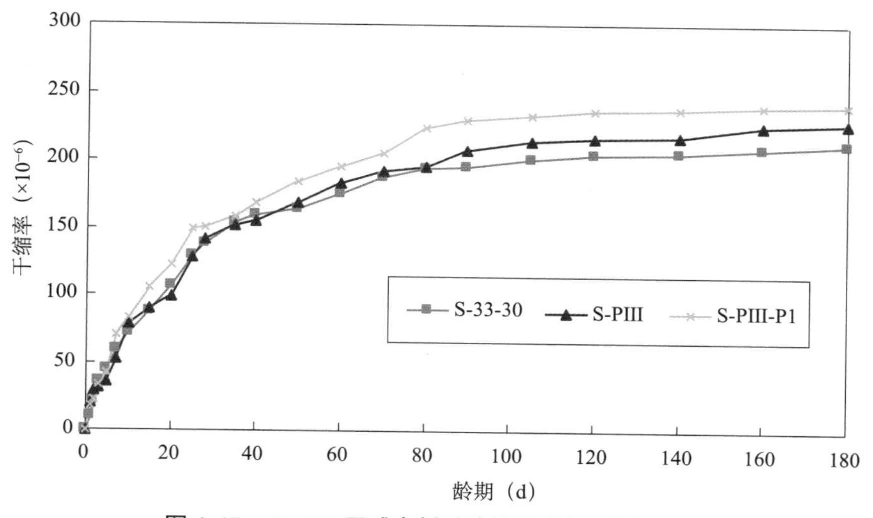


图 4-17　JM-PCA Ⅲ减水剂对硅粉混凝土干缩的影响

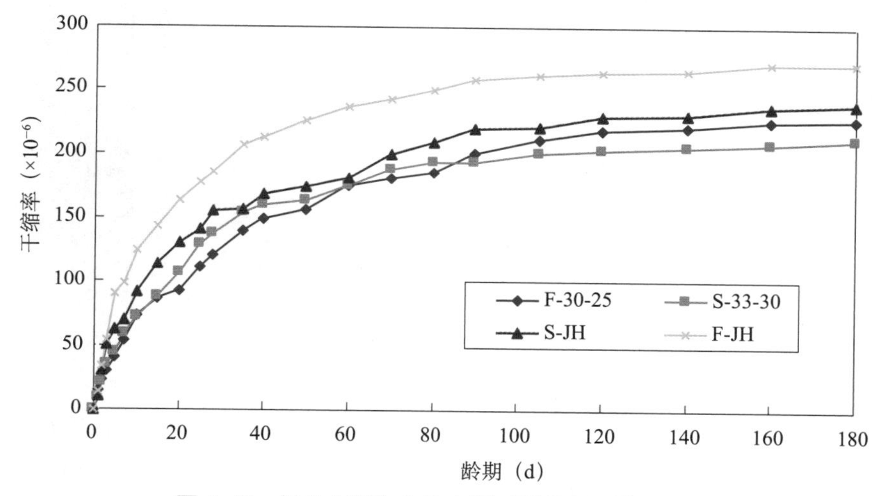


图 4-18　低热水泥和中热水泥对混凝土干缩的影响

试验结果数据分析表明：

（1）低热水泥混凝土的干缩率较大。

（2）180d 龄期时，低热水泥硅粉混凝土干缩率为 $239\times10^{-6}$，中热水泥混凝土干缩率为 $212\times10^{-6}$，低热水泥混凝土比中热水泥增加 13%。

（3）低热水泥粉煤灰混凝土的干缩率为 $272\times10^{-6}$，而中热水泥混凝土的干缩率为 $228\times10^{-6}$，低热水泥混凝土的干缩率比中热水泥增加 19%。

各种混凝土干缩试验结果见表 4-15~ 表 4-21。

表 4-15　基准混凝土干缩试验结果

| 编号 | 干缩率（$\times 10^{-6}$） | | | | | | | | | | | | | | | | | | | | | |
|---|---|---|---|---|---|---|---|---|---|---|---|---|---|---|---|---|---|---|---|---|---|---|
| | 1d | 2d | 3d | 5d | 7d | 10d | 15d | 20d | 25d | 28d | 35d | 40d | 50d | 60d | 70d | 80d | 90d | 105d | 120d | 140d | 160d | 180d |
| S-33-30 | 10 | 21 | 36 | 45 | 59 | 72 | 88 | 107 | 129 | 138 | 154 | 160 | 164 | 175 | 188 | 194 | 195 | 201 | 204 | 206 | 209 | 212 |
| F-30-25 | 15 | 24 | 31 | 42 | 55 | 73 | 86 | 92 | 111 | 121 | 140 | 150 | 157 | 176 | 182 | 186 | 202 | 212 | 219 | 222 | 226 | 228 |

表 4-16　纤维混凝土干缩试验结果

| 编号 | 干缩率（$\times 10^{-6}$） | | | | | | | | | | | | | | | | | | | | | |
|---|---|---|---|---|---|---|---|---|---|---|---|---|---|---|---|---|---|---|---|---|---|---|
| | 1d | 2d | 3d | 5d | 7d | 10d | 15d | 20d | 25d | 28d | 35d | 40d | 50d | 60d | 70d | 80d | 90d | 105d | 120d | 140d | 160d | 180d |
| S-P1 | 5 | 25 | 34 | 43 | 57 | 79 | 99 | 121 | 134 | 134 | 144 | 155 | 159 | 166 | 184 | 190 | 199 | 213 | 220 | 224 | 230 | 233 |
| S-P2 | 7 | 13 | 21 | 34 | 48 | 58 | 72 | 101 | 105 | 115 | 128 | 132 | 142 | 151 | 157 | 168 | 172 | 185 | 193 | 202 | 211 | 216 |
| S-PP | 8 | 13 | 24 | 44 | 57 | 67 | 98 | 119 | 121 | 132 | 144 | 150 | 161 | 172 | 176 | 189 | 193 | 209 | 212 | 222 | 227 | 230 |
| F-P1 | 7 | 13 | 18 | 26 | 35 | 48 | 65 | 81 | 99 | 106 | 124 | 137 | 150 | 168 | 182 | 190 | 195 | 206 | 209 | 213 | 214 | 215 |
| F-P2 | 9 | 16 | 27 | 32 | 51 | 66 | 79 | 99 | 118 | 130 | 141 | 153 | 169 | 173 | 195 | 201 | 210 | 216 | 219 | 223 | 227 | 229 |
| F-PP | 3 | 14 | 25 | 41 | 49 | 62 | 71 | 98 | 113 | 126 | 137 | 151 | 164 | 167 | 189 | 196 | 206 | 220 | 229 | 235 | 237 | 239 |

表 4-17　掺减缩剂混凝土干缩试验结果

| 编号 | 干缩率（$\times 10^{-6}$） | | | | | | | | | | | | | | | | | | | | | |
|---|---|---|---|---|---|---|---|---|---|---|---|---|---|---|---|---|---|---|---|---|---|---|
| | 1d | 2d | 3d | 5d | 7d | 10d | 15d | 20d | 25d | 28d | 35d | 40d | 50d | 60d | 70d | 80d | 90d | 105d | 120d | 140d | 160d | 180d |
| S-SRA | 7 | 15 | 16 | 22 | 27 | 33 | 55 | 63 | 79 | 85 | 102 | 114 | 127 | 138 | 148 | 150 | 155 | 159 | 170 | 174 | 174 | 176 |
| S-SRA-P1 | 13 | 18 | 19 | 27 | 33 | 35 | 58 | 62 | 83 | 85 | 94 | 106 | 119 | 127 | 134 | 138 | 140 | 142 | 150 | 151 | 152 | 154 |

表 4-18　掺减缩减水剂混凝土干缩试验结果

| 编号 | 干缩率（$\times 10^{-6}$） | | | | | | | | | | | | | | | | | | | |
|---|---|---|---|---|---|---|---|---|---|---|---|---|---|---|---|---|---|---|---|---|
| | 1d | 2d | 3d | 5d | 7d | 10d | 15d | 20d | 25d | 28d | 35d | 40d | 50d | 60d | 70d | 80d | 90d | 105d | 120d | 140d | 160d | 180d |
| S-SRS | 3 | 19 | 24 | 41 | 43 | 58 | 80 | 93 | 104 | 120 | 127 | 136 | 150 | 171 | 182 | 185 | 191 | 195 | 195 | 198 | 198 | 199 |
| S-SRS-P1 | 4 | 16 | 23 | 40 | 46 | 60 | 85 | 101 | 112 | 131 | 139 | 143 | 163 | 187 | 198 | 203 | 210 | 216 | 217 | 217 | 217 | 217 |

表 4-19　掺膨胀剂混凝土干缩试验结果

| 编号 | 干缩率（$\times 10^{-6}$） | | | | | | | | | | | | | | | | | | | | | |
|---|---|---|---|---|---|---|---|---|---|---|---|---|---|---|---|---|---|---|---|---|---|---|
| | 1d | 2d | 3d | 5d | 7d | 10d | 15d | 20d | 25d | 28d | 35d | 40d | 50d | 60d | 70d | 80d | 90d | 105d | 120d | 140d | 160d | 180d |
| S-UEA | 10 | 18 | 43 | 65 | 83 | 131 | 161 | 185 | 195 | 200 | 220 | 224 | 228 | 237 | 262 | 269 | 276 | 281 | 284 | 285 | 286 | 286 |
| S-UEA-P1 | 2 | 8 | 35 | 80 | 82 | 134 | 138 | 202 | 218 | 226 | 240 | 252 | 256 | 267 | 294 | 303 | 310 | 317 | 320 | 322 | 323 | 325 |

表 4-20　掺 JM-PCA Ⅲ减水剂混凝土干缩试验结果

| 编号 | 干缩率（$\times 10^{-6}$） | | | | | | | | | | | | | | | | | | | | | |
|---|---|---|---|---|---|---|---|---|---|---|---|---|---|---|---|---|---|---|---|---|---|---|
| | 1d | 2d | 3d | 5d | 7d | 10d | 15d | 20d | 25d | 28d | 35d | 40d | 50d | 60d | 70d | 80d | 90d | 105d | 120d | 140d | 160d | 180d |
| S-P Ⅲ | 20 | 29 | 31 | 36 | 53 | 79 | 90 | 99 | 128 | 142 | 152 | 155 | 168 | 183 | 192 | 195 | 208 | 215 | 217 | 218 | 226 | 228 |
| S-P Ⅲ -P1 | 18 | 22 | 34 | 43 | 71 | 83 | 106 | 122 | 149 | 151 | 158 | 168 | 184 | 195 | 206 | 225 | 230 | 234 | 237 | 238 | 241 | 242 |

表 4-21　低热水泥混凝土干缩试验结果

| 编号 | 干缩率（$\times 10^{-6}$） | | | | | | | | | | | | | | | | | | | | | |
|---|---|---|---|---|---|---|---|---|---|---|---|---|---|---|---|---|---|---|---|---|---|---|
| | 1d | 2d | 3d | 5d | 7d | 10d | 15d | 20d | 25d | 28d | 35d | 40d | 50d | 60d | 70d | 80d | 90d | 105d | 120d | 140d | 160d | 180d |
| S-JH | 11 | 31 | 51 | 63 | 70 | 91 | 114 | 131 | 141 | 155 | 156 | 168 | 174 | 181 | 200 | 210 | 220 | 222 | 230 | 231 | 237 | 239 |
| F-JH | 14 | 34 | 55 | 90 | 99 | 124 | 143 | 164 | 178 | 186 | 207 | 214 | 226 | 237 | 243 | 250 | 258 | 262 | 264 | 266 | 271 | 272 |

# 4.6 混凝土自生体积变形

本项目混凝土自生体积变形试件尺寸选择 $\phi$200mm × 600mm 的圆柱体，试件中心内埋电阻式应变计，试件密封后及时测量应变计的电阻值及电阻比，并将试件放置在温度为（20 ± 2）℃的恒温室内。自生体积变形测量通过电脑自动采集数据，根据采集的应变计电阻、电阻比及混凝土的线膨胀系数计算其自生体积变形。自生体积变形的基准值以成型后 24h 应变计的测值为准，试验结果见表 4–22。

## 4.6.1 基准混凝土对比

基准混凝土的自生体积变形曲线见图 4–19。

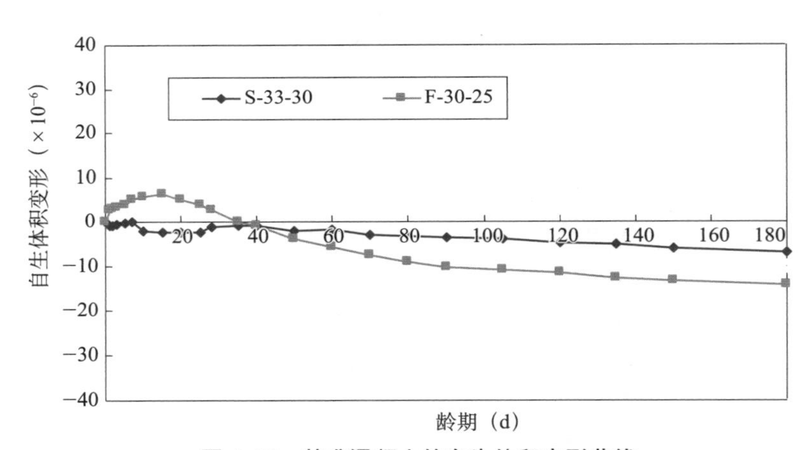


图 4–19　基准混凝土的自生体积变形曲线

试验结果数据分析表明：

（1）硅粉混凝土和粉煤灰混凝土的自生体积变形发展规律不同。

（2）硅粉混凝土的自生体积变形为收缩型，随龄期的变化发展缓慢，180d 的自生体积变形为 $-6.9 \times 10^{-6}$。粉煤灰混凝土的自生体积变形为先膨胀后收缩，15d 左右达到膨胀最大值 $6.3 \times 10^{-6}$，以后不断收缩，180d 的自身体积变形为 $-14.3 \times 10^{-6}$，比硅粉混凝土自生体积收缩略大。

表 4–22　混凝土的自生体积变形试验结果

| 编号 | 试验组合 | 自生体积变形（×10⁻⁶） | | | | | | | | | | | | | | | | | | | | |
|---|---|---|---|---|---|---|---|---|---|---|---|---|---|---|---|---|---|---|---|---|---|---|
| | | 1d | 2d | 3d | 5d | 7d | 10d | 15d | 20d | 25d | 28d | 35d | 40d | 50d | 60d | 70d | 80d | 90d | 105d | 120d | 135d | 150d | 180d |
| S-33-30 | 中热硅粉 | −1.0 | −0.9 | −0.6 | −0.3 | −0.1 | −2.2 | −2.4 | −2.5 | −2.3 | −1.3 | −0.9 | −1.0 | −2.0 | −1.7 | −3.0 | −3.3 | −3.6 | −4.0 | −4.7 | −5.3 | −6.0 | −6.9 |
| F-30-25 | 中热 + 粉煤灰 | 2.7 | 3.0 | 3.2 | 3.9 | 5.1 | 5.7 | 6.3 | 5.3 | 3.9 | 2.8 | 0.0 | −0.9 | −3.9 | −5.7 | −7.6 | −9.1 | −10.3 | −10.8 | −11.4 | −12.8 | −13.4 | −14.3 |
| S-SRA | 硅粉 + 减缩剂 | −2.7 | −2.4 | −2.0 | −1.1 | −1.5 | −1.2 | −0.7 | 0.4 | 2.0 | 3.4 | 4.4 | 5.3 | 6.4 | 7.1 | 7.4 | 7.3 | 7.2 | 7.1 | 7.0 | 7.4 | 7.3 | 7.2 |
| S-SRA-P1 | 硅粉 + 减缩剂 +PVA1 | −1.0 | −0.5 | 0.3 | 0.4 | 0.4 | 0.4 | 1.0 | 3.2 | 5.2 | 6.1 | 8.1 | 8.7 | 9.6 | 9.6 | 9.3 | 10.2 | 9.4 | 8.9 | 8.9 | 8.9 | 8.7 | 8.6 |
| S-UEA | 硅粉 + 膨胀剂 | 28.8 | 37.5 | 41.5 | 43.7 | 43.1 | 37.7 | 32.0 | 29.1 | 29.3 | 27.9 | 27.1 | 26.1 | 25.0 | 23.6 | 21.9 | 21.1 | 19.8 | 18.1 | 17.0 | 16.3 | 15.2 | 13.2 |
| S-UEA-P1 | 硅粉 + 膨胀剂 +PVA1 | 26.9 | 35.2 | 38.1 | 38.3 | 36.1 | 31.6 | 27.0 | 25.4 | 24.9 | 23.2 | 22.4 | 21.8 | 20.3 | 18.8 | 17.6 | 16.7 | 15.8 | 14.6 | 13.5 | 13.1 | 13.1 | 11.9 |
| S-P Ⅲ | 硅粉 +PCA Ⅲ 减水剂 | −1.3 | −1.4 | −1.4 | −1.7 | −1.5 | −2.3 | −1.7 | −1.7 | −1.3 | −0.4 | −1.4 | −1.6 | −1.1 | −2.3 | −3.1 | −4.0 | −5.1 | −6.0 | −6.9 | −7.6 | −8.8 | −10.0 |
| S-JH | 低热 + 硅粉 | −1.4 | −3.2 | −4.3 | −6.0 | −9.0 | −12.9 | −14.0 | −12.9 | −13.9 | −12.6 | −14.3 | −15.2 | −17.0 | −19.1 | −20.2 | −22.7 | −24.3 | −26.3 | −28.4 | −30.5 | −31.2 | −33.3 |
| F-JH | 低热 + 粉煤灰 | −2.5 | −3.8 | −3.5 | −6.1 | −7.7 | −9.5 | −12.6 | −13.9 | −16.2 | −17.5 | −19.7 | −21.1 | −24.5 | −26.2 | −28.1 | −29.9 | −31.7 | −33.9 | −36.0 | −38.0 | −39.7 | −41.0 |

注：混凝土自生体积变形的龄期为（$t$−1）d，即以试件成型后 24h 应变计的测值为基准值。

### 4.6.2 减缩剂的影响

减缩剂对硅粉混凝土自生体积变形的影响见图 4-20。

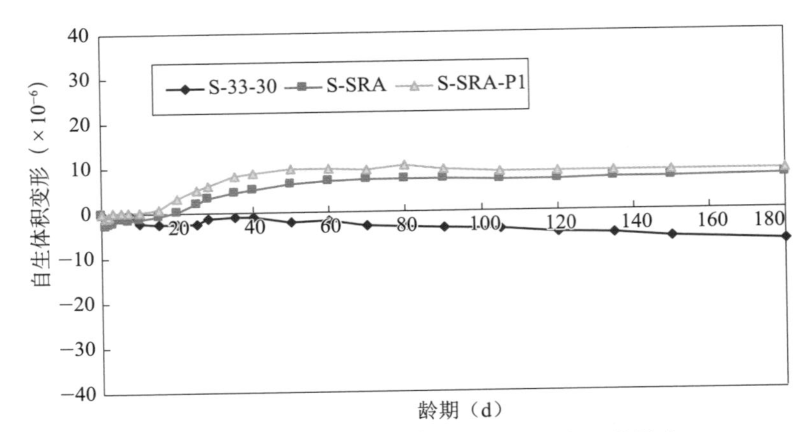


图 4-20 减缩剂对硅粉混凝土自生体积变形的影响

试验结果数据分析表明：

（1）掺减缩剂后，混凝土的自生体积变形呈微膨胀，发展规律为先收缩后膨胀，60d 以后趋于稳定。

（2）180d 龄期时，掺减缩剂混凝土的自生体积变形为 $7.5\times10^{-6}$，与 PVA1 复掺后混凝土的自生体积变形为 $8.8\times10^{-6}$，比硅粉混凝土分别增加了 $14.4\times10^{-6}$ 和 $15.7\times10^{-6}$。

### 4.6.3 膨胀剂的影响

膨胀剂对硅粉混凝土自生体积变形的影响见图 4-21。

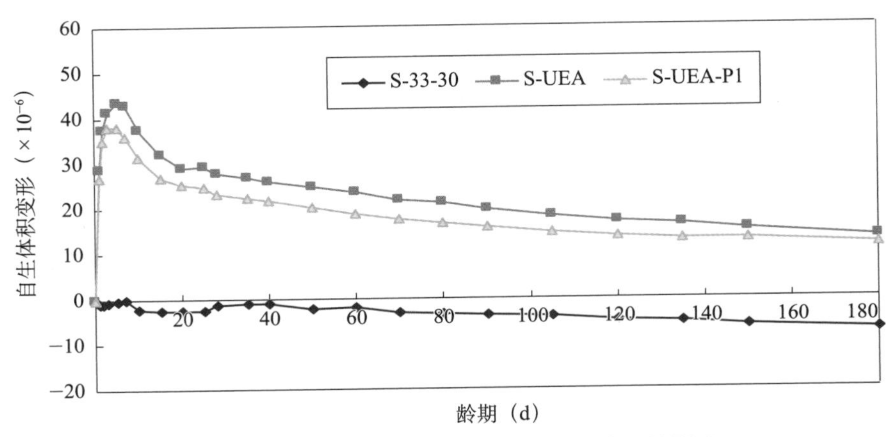


图 4-21 膨胀剂对硅粉混凝土自生体积变形的影响

试验结果数据分析表明：掺膨胀剂后，混凝土的自生体积变形先膨胀后收缩，早期变形发展迅速，5d 左右膨胀达到最大值 $43.7\times10^{-6}$，以后逐渐收缩，到 180d 龄期时收缩了近 30 个微应变，这一快速膨胀后缓慢收缩的趋势对混凝土的体积稳定性是不利的。

## 4.6.4 JM-PCA Ⅲ减水剂的影响

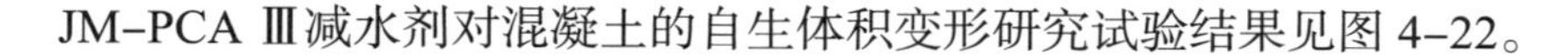

JM−PCA Ⅲ减水剂对混凝土的自生体积变形研究试验结果见图 4−22。

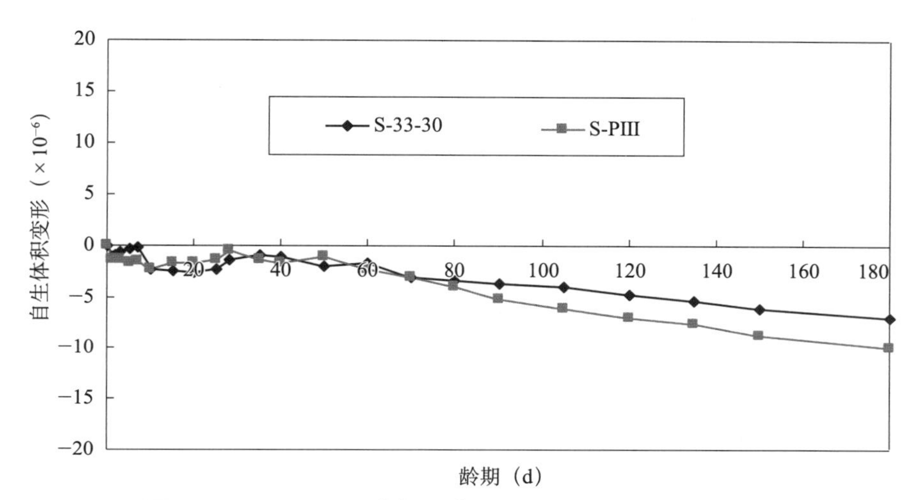


图 4−22　JM−PCA Ⅲ减水剂对硅粉混凝土自生体积变形的影响

## 4.6.5 低热水泥的影响

低热水泥混凝土自生体积变形试验结果见图 4−23。

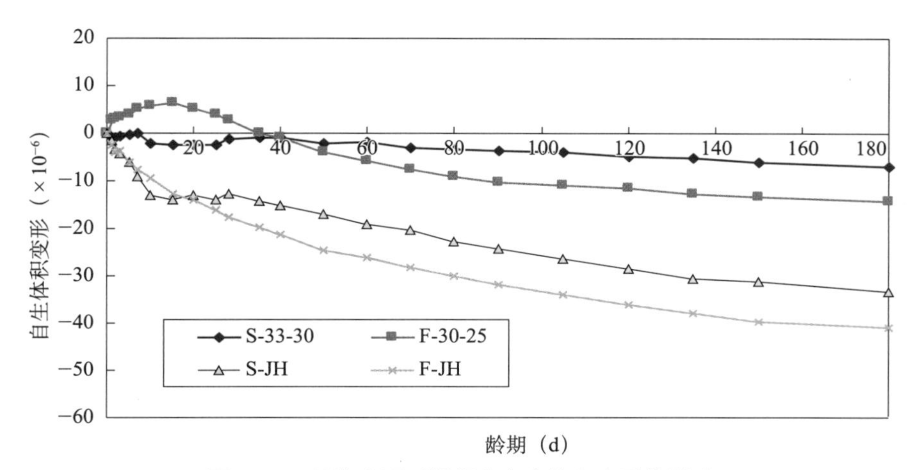


图 4−23　低热水泥对混凝土自生体积变形的影响

试验结果数据分析表明：掺 JM–PCA Ⅲ减水剂后，混凝土的自生体积变形为收缩型，变化规律和硅粉混凝土一致，但后期自生体积收缩略大于硅粉混凝土。

试验结果数据分析表明，低热水泥混凝土的自生体积变形为收缩型，其自生体积收缩变形比中热水泥大。

## 4.7 混凝土绝热温升

混凝土绝热温升是混凝土中的水泥和掺合料在水化过程中会放出热量，其放热量与采用的水泥品种、水泥及掺合料用量有关。假设混凝土处于上下左右都不能散发热量的绝热状态，随着水泥及掺合料水化，混凝土内温度会继续上升，当上升到最高时，此时的温度即为绝热温升。混凝土绝热温升主要受混凝土胶材、水的用量和胶材品种有关，是混凝土表面开裂的一个重要控制手段，实验室内一般通过绝热温升测定仪测定。

本项目试验在混凝土热温升测定仪上进行，温度跟踪精度 ±0.1℃，试件尺寸为 $\phi$400mm×400mm，可直接进行全级配混凝土试验。

混凝土绝热温升试验结果见表 4–23。采用最小二乘法进行曲线拟合，对双曲线方程和指数方程两种线型进行比较，结果以双曲线方程为最优，混凝土的绝热温升—历时拟合方程式见表 4–24。

试验结果数据分析表明：在同水胶比情况下，低热水泥混凝土的绝热温升较中热水泥混凝土低，掺硅粉混凝土绝热温升较掺粉煤灰混凝土绝热温升低。

### 4.7.1 基准混凝土对比

掺硅粉和掺粉煤灰基准混凝土绝热温升对比试验结果见图 4–24。

试验结果数据分析表明：

（1）掺硅粉混凝土的绝热温升较低，后期趋势更加明显。

（2）掺硅粉混凝土 1d 龄期绝热温升为 16.7℃，比粉煤灰混凝土低 3.6℃；掺硅粉混凝土 3d 龄期绝热温升为 27.7℃，比粉煤灰混凝土低 4.9℃；掺硅粉混凝土 7d 龄期绝热温升为 31.6℃，比粉煤灰混凝土低 6.0℃；掺硅粉混凝土 28d 龄期绝热温升为 32.4℃，比粉煤灰混凝土低 6.4℃。

表 4-23　混凝土的绝热温升 – 历时测定结果

| 试验组合 | 编号 | 绝热温升（℃） | | | | | | | | | | | | | | |
|---|---|---|---|---|---|---|---|---|---|---|---|---|---|---|---|---|
| | | 1d | 2d | 3d | 4d | 5d | 6d | 7d | 8d | 9d | 10d | 14d | 18d | 21d | 24d | 28d |
| 中热 + 硅粉 | S-33-30 | 16.7 | 23.2 | 27.7 | 29.9 | 30.8 | 31.3 | 31.6 | 31.7 | 31.8 | 31.9 | 32.0 | 32.2 | 32.3 | 32.3 | 32.4 |
| 硅粉 +PVA1 | S-P1 | 16.4 | 22.8 | 27.3 | 29.5 | 30.4 | 30.9 | 31.2 | 31.4 | 31.5 | 31.5 | 31.6 | 31.8 | 31.8 | 31.9 | 32.0 |
| 中热 + 粉煤灰 | F-30-25 | 20.3 | 28.2 | 32.6 | 35.3 | 36.6 | 37.2 | 37.6 | 37.9 | 38.1 | 38.2 | 38.4 | 38.6 | 38.7 | 38.7 | 38.8 |
| 粉煤灰 +PVA1 | F-P1 | 20.5 | 27.9 | 32.3 | 35.0 | 36.4 | 37.0 | 37.4 | 37.7 | 37.9 | 38.0 | 38.2 | 38.4 | 38.5 | 38.5 | 38.6 |
| 硅粉 +PCA Ⅲ减水剂 | S-P Ⅲ | 15.4 | 21.2 | 25.7 | 27.9 | 28.9 | 29.2 | 29.5 | 29.7 | 29.7 | 29.8 | 29.9 | 30.0 | 30.1 | 30.2 | 30.2 |
| 硅粉 +PCA Ⅲ +PVA1 | S-P Ⅲ -P1 | 16.6 | 23.1 | 27.6 | 29.8 | 30.8 | 31.1 | 31.4 | 31.6 | 31.7 | 31.8 | 31.9 | 31.9 | 32.0 | 32.1 | 32.2 |
| 低热 + 硅粉 | S-JH | 12.2 | 16.5 | 19.4 | 22.1 | 23.7 | 24.5 | 24.9 | 25.2 | 25.4 | 25.5 | 25.8 | 26.1 | 26.2 | 26.3 | 26.4 |
| 低热 + 粉煤灰 | F-JH | 15.9 | 21.1 | 24.6 | 27.7 | 29.9 | 30.6 | 31.3 | 31.7 | 32.0 | 32.3 | 32.9 | 33.1 | 33.3 | 33.3 | 33.4 |

表 4-24　混凝土的绝热温升—历时拟合方程式

| 试验组合 | 编号 | 水胶比 | 胶材用量（$kg/m^3$） | 28d 绝热温升（℃） | 拟合最终绝热温升（℃） | 绝热温升 $T$ —绝热温升（℃），$t$ —历时（d） | | |
|---|---|---|---|---|---|---|---|---|
| | | | | | | 表达式 | 95% 置信度 | 适用条件 |
| 中热 + 硅粉 | S-33-30 | 0.33 | 327.3 | 32.4 | 32.9 | $T=\frac{32.9\times(t-0.6)}{t-0.21}$ | 1.64 | $t\geqslant 2.0$ |
| 硅粉 +PVA1 | S-P1 | 0.33 | 327.3 | 32.0 | 32.4 | $T=\frac{32.4\times(t-0.6)}{t-0.22}$ | 1.79 | $t\geqslant 2.0$ |
| 中热 + 粉煤灰 | F-30-25 | 0.30 | 350.0 | 38.8 | 39.3 | $T=\frac{39.5\times(t-0.6)}{t-0.2}$ | 1.69 | $t\geqslant 2.0$ |
| 粉煤灰 +PVA1 | F-P1 | 0.30 | 350.0 | 38.6 | 39.3 | $T=\frac{39.3\times(t-0.6)}{t-0.2}$ | 1.74 | $t\geqslant 2.0$ |
| 硅粉 +PCAⅢ 减水剂 | S-PⅢ | 0.33 | 303.0 | 30.2 | 30.7 | $T=\frac{30.7\times(t-0.7)}{t-0.34}$ | 1.84 | $t\geqslant 2.0$ |
| 硅粉 +PCAⅢ+PVA1 | S-PⅢ-P1 | 0.33 | 321.2 | 32.2 | 32.6 | $T=\frac{32.6\times(t-0.6)}{t-0.24}$ | 1.82 | $t\geqslant 2.0$ |
| 低热 + 硅粉 | S-JH | 0.33 | 327.3 | 26.4 | 27.2 | $T=\frac{27.2\times(t-0.4)}{t+0.39}$ | 1.36 | $t\geqslant 2.0$ |
| 低热 + 粉煤灰 | F-JH | 0.30 | 350.0 | 33.4 | 34.5 | $T=\frac{34.5\times(t-0.4)}{t+0.39}$ | 1.57 | $t\geqslant 2.0$ |

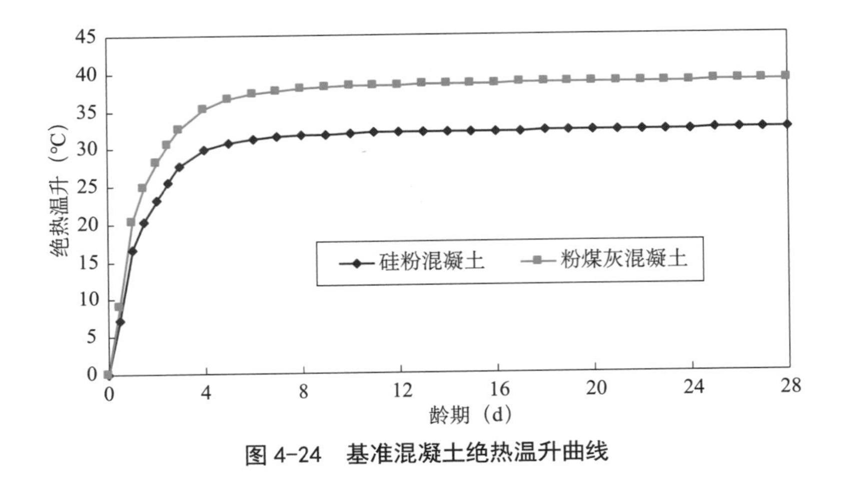


图 4-24　基准混凝土绝热温升曲线

## 4.7.2　纤维的影响

纤维对混凝土绝热温升影响试验结果见图 4-25。

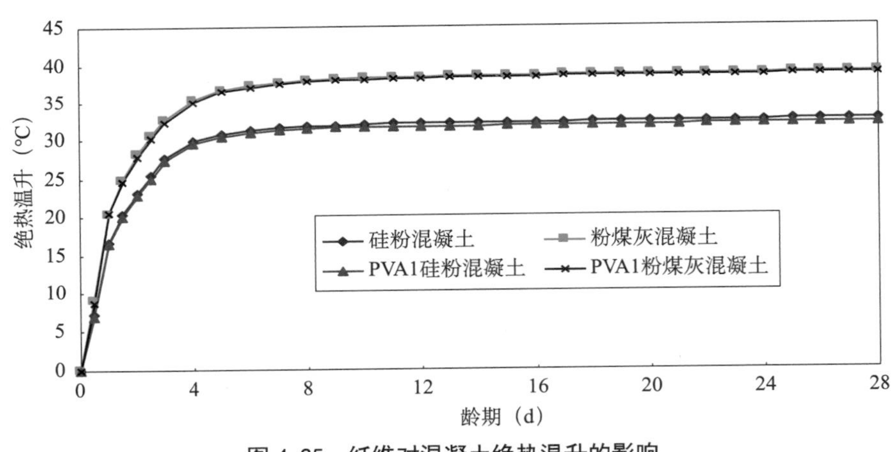


图 4-25　纤维对混凝土绝热温升的影响

试验结果数据分析表明，纤维对混凝土的绝热温升影响不大。

## 4.7.3　减水剂的影响

JM-PCA Ⅲ减水剂对硅粉混凝土绝热温升影响试验结果见图 4-26。

试验结果数据分析表明，掺 JM-PCA Ⅲ减水剂后混凝土的绝热温升略低。

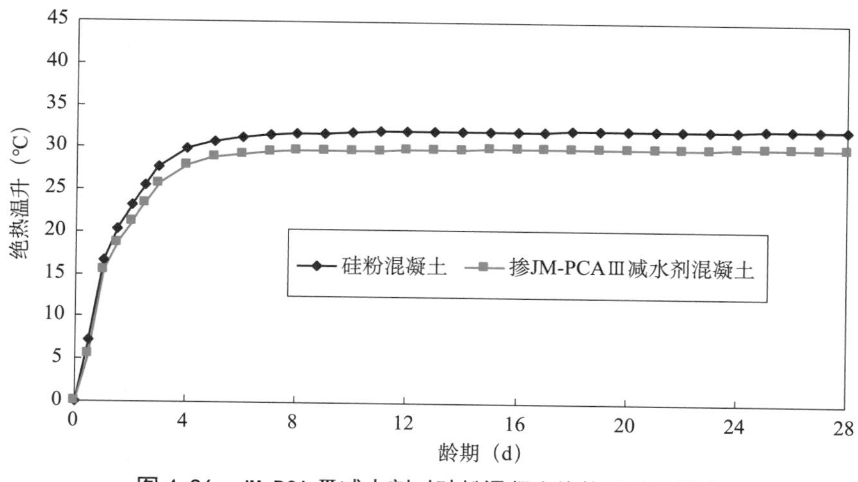


图 4-26　JM-PCA Ⅲ减水剂对硅粉混凝土绝热温升的影响

## 4.7.4　低热水泥的影响

低热水泥对掺硅粉和掺粉煤灰混凝土绝热温升影响试验结果见图 4-27。

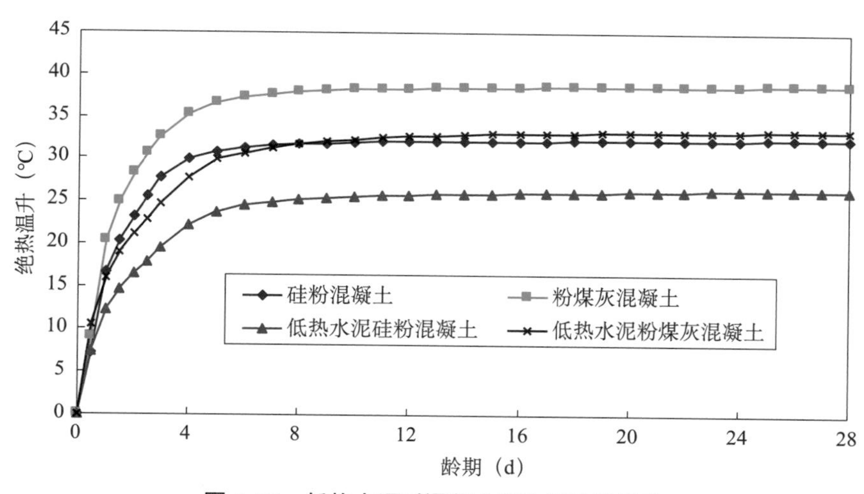


图 4-27　低热水泥对混凝土绝热温升的影响

试验结果数据分析表明：

（1）低热水泥混凝土可有效降低混凝土的绝热温升。

（2）低热水泥硅粉混凝土 28d 的绝热温升为 26.4℃，比中热水泥低 6.7℃；低热水泥粉煤灰混凝土 28d 的绝热温升为 33.4℃，比中热水泥低 5.4℃。

（3）采用低热水泥有利于降低混凝土的温度应力，减少温度裂缝的产生，并可简化温控措施，节省费用。

# 4.8 混凝土抗冻试验

向家坝水电站抗冲耐磨混凝土抗冻设计等级为 F300，试验龄期 28d。各配合比混凝土抗冻性能试验结果分别见表 4-25、表 4-26 和图 4-28、图 4-29。

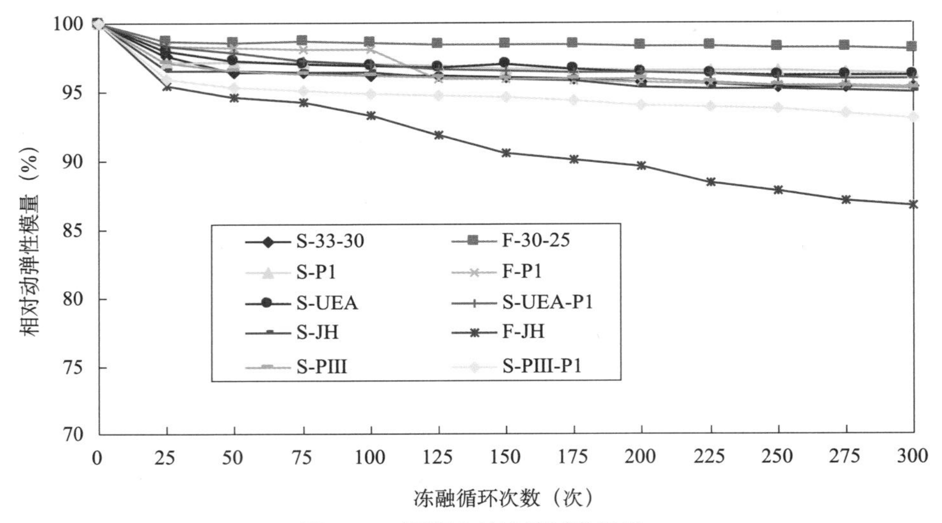


图 4-28 混凝土抗冻性试验结果

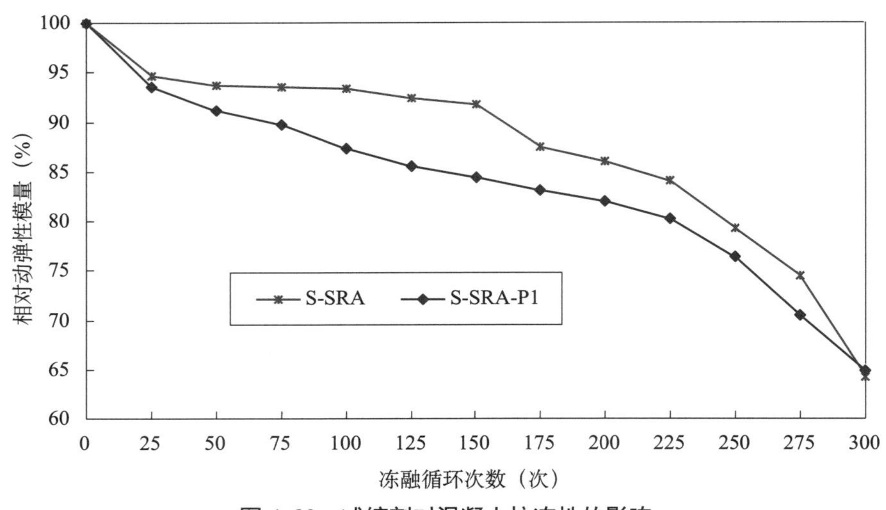


图 4-29 减缩剂对混凝土抗冻性的影响

表 4–25　混凝土抗冻试验结果

| 序号 | 混凝土品种 | 编号 | 相对动弹性模量（%） | | | | | | | | | | | |
|---|---|---|---|---|---|---|---|---|---|---|---|---|---|---|
| | | | 25 次 | 50 次 | 75 次 | 100 次 | 125 次 | 150 次 | 175 次 | 200 次 | 225 次 | 250 次 | 275 次 | 300 次 |
| 1 | 基准混凝土 | S-33-30 | 97.6 | 96.4 | 96.4 | 96.2 | 96.2 | 96.1 | 95.9 | 95.7 | 95.6 | 95.4 | 95.4 | 95.3 |
| 2 | | F-30-25 | 98.7 | 98.6 | 98.7 | 98.6 | 98.5 | 98.4 | 98.4 | 98.3 | 98.3 | 98.2 | 98.2 | 98.1 |
| 3 | 纤维混凝土 | S-P1 | 97.2 | 97.2 | 97.1 | 97.0 | 96.9 | 96.7 | 96.7 | 96.6 | 96.5 | 96.5 | 96.4 | 96.3 |
| 4 | | F-P1 | 98.3 | 98.2 | 98.1 | 98.1 | 96.0 | 95.9 | 95.8 | 95.7 | 95.6 | 95.5 | 95.5 | 95.4 |
| 5 | 减缩剂混凝土 | S-SRA | 94.8 | 93.7 | 93.6 | 93.4 | 92.5 | 91.9 | 87.5 | 86.1 | 84.2 | 79.3 | 74.5 | 64.3 |
| 6 | | S-SRA-P1 | 93.6 | 91.2 | 89.7 | 87.4 | 85.6 | 84.4 | 83.2 | 82.1 | 80.3 | 76.4 | 70.5 | 64.9 |
| 7 | 掺减缩型减水剂混凝土 | S-SRS | 96.2 | 95.4 | 95.2 | 94.7 | 94.6 | 94.3 | 94.1 | 93.8 | 93.4 | 93.1 | 92.7 | 92.5 |
| 8 | | S-SRS-P1 | 97.3 | 96.9 | 96.4 | 96.3 | 96.2 | 96.2 | 96.1 | 96.0 | 95.8 | 95.6 | 95.5 | 95.2 |
| 9 | 掺膨胀剂混凝土 | S-UEA | 98.0 | 97.3 | 97.0 | 96.9 | 96.8 | 97.0 | 96.7 | 96.4 | 96.3 | 96.2 | 96.2 | 96.2 |
| 10 | | S-UEA-P1 | 98.3 | 97.9 | 97.3 | 97.0 | 96.7 | 96.6 | 96.4 | 96.4 | 96.3 | 96.1 | 96.0 | 96.0 |
| 11 | 掺 JM-PCA Ⅲ减水剂混凝土 | S-P Ⅲ | 97.1 | 96.5 | 96.3 | 96.2 | 96.1 | 96.0 | 96.0 | 95.9 | 95.7 | 95.5 | 95.3 | 95.2 |
| 12 | | S-P Ⅲ -P1 | 95.9 | 95.4 | 95.1 | 94.9 | 94.8 | 94.6 | 94.4 | 94.1 | 93.9 | 93.8 | 93.5 | 93.1 |
| 13 | 低热水泥 | S-JH | 96.6 | 96.5 | 96.4 | 96.4 | 96.1 | 95.9 | 95.8 | 95.3 | 95.2 | 95.2 | 95.1 | 95.0 |
| 14 | | F-JH | 95.5 | 94.6 | 94.3 | 93.3 | 91.9 | 90.6 | 90.1 | 89.7 | 88.5 | 87.9 | 87.1 | 86.8 |

表 4-26 混凝土抗冻试验结果

| 序号 | 混凝土品种 | 编号 | 质量损失率（%） | | | | | | | | | | | |
|---|---|---|---|---|---|---|---|---|---|---|---|---|---|---|
| | | | 25 次 | 50 次 | 75 次 | 100 次 | 125 次 | 150 次 | 175 次 | 200 次 | 225 次 | 250 次 | 275 次 | 300 次 |
| 1 | 基准混凝土 | S-33-30 | 0.10 | 0.12 | 0.15 | 0.17 | 0.20 | 0.20 | 0.20 | 0.25 | 0.30 | 0.32 | 0.38 | 0.45 |
| 2 | | F-30-25 | 0.02 | 0.02 | 0.02 | 0.07 | 0.09 | 0.14 | 0.14 | 0.14 | 0.15 | 0.18 | 0.20 | 0.24 |
| 3 | 纤维混凝土 | S-P1 | 0.08 | 0.08 | 0.08 | 0.10 | 0.13 | 0.13 | 0.13 | 0.13 | 0.15 | 0.15 | 0.18 | 0.18 |
| 4 | | F-P1 | 0.10 | 0.10 | 0.10 | 0.10 | 0.10 | 0.10 | 0.10 | 0.10 | 0.12 | 0.15 | 0.15 | 0.18 |
| 5 | 减缩剂混凝土 | S-SRA | 0.10 | 0.10 | 0.10 | 0.10 | 0.15 | 0.20 | 0.25 | 0.35 | 0.40 | 0.45 | 0.50 | 0.55 |
| 6 | | S-SRA-P1 | 0.07 | 0.08 | 0.09 | 0.17 | 0.22 | 0.27 | 0.39 | 0.47 | 0.54 | 0.62 | 0.69 | 0.77 |
| 7 | 掺减缩型减水剂混凝土 | S-SRS | 0.04 | 0.05 | 0.07 | 0.07 | 0.10 | 0.12 | 0.15 | 0.19 | 0.24 | 0.28 | 0.33 | 0.37 |
| 8 | | S-SRS-P1 | 0.03 | 0.06 | 0.07 | 0.09 | 0.10 | 0.12 | 0.16 | 0.19 | 0.22 | 0.26 | 0.31 | 0.34 |
| 9 | 掺膨胀剂混凝土 | S-UEA | 0.08 | 0.08 | 0.08 | 0.08 | 0.08 | 0.08 | 0.08 | 0.08 | 0.08 | 0.08 | 0.11 | 0.15 |
| 10 | | S-UEA-P1 | 0.10 | 0.10 | 0.10 | 0.13 | 0.13 | 0.13 | 0.13 | 0.13 | 0.13 | 0.13 | 0.15 | 0.17 |
| 11 | 掺 JM-PCA Ⅲ 减水剂混凝土 | S-P Ⅲ | 0.03 | 0.04 | 0.04 | 0.06 | 0.07 | 0.09 | 0.11 | 0.14 | 0.18 | 0.20 | 0.22 | 0.26 |
| 12 | | S-P Ⅲ -P1 | 0.09 | 0.11 | 0.12 | 0.15 | 0.16 | 0.18 | 0.22 | 0.27 | 0.31 | 0.34 | 0.35 | 0.41 |
| 13 | 低热水泥 | S-JH | 0.10 | 0.10 | 0.10 | 0.10 | 0.14 | 0.17 | 0.22 | 0.24 | 0.26 | 0.28 | 0.31 | 0.35 |
| 14 | | F-JH | 0.00 | 0.01 | 0.01 | 0.01 | 0.02 | 0.03 | 0.04 | 0.05 | 0.06 | 0.07 | 0.08 | 0.13 |

试验结果数据分析表明：

（1）不同试验组合混凝土的抗冻性均满足 F300 设计要求。

（2）掺减缩剂后的混凝土，虽引气剂的掺量大幅增加，但含气量较低，只有 2.6% ~ 2.8%，经 300 次冻融循环后，混凝土相对动弹性模量下降较快，仅有 64.3% 和 64.9%。

## 4.9 混凝土抗冲击韧性

### 4.9.1 试验方法

冲击韧性是指材料在冲击载荷作用下吸收塑性变形功和断裂功的能力，反映材料内部的细微缺陷和抗冲击性能。抗冲击韧性检测主要目的是检测材料在冲击荷载下不开裂的极限承受能力。目前国内外对混凝土的抗冲击韧性试验尚无统一的方法，在冲击荷载的施加方式上有落锤试验和摆锤试验等，在试件的受力形式上，一般有压缩和弯曲两种。本项目试验采用 GB/T 21120—2007《水泥混凝土和砂浆用合成纤维》中的弯曲冲击试验方法。试验情况见图 4–30 和图 4–31。

图 4–30　混凝土弯曲冲击试验提锤情况

图 4–31　混凝土弯曲冲击试验落锤情况

试件尺寸为 100mm × 100mm × 400mm，标准养护 28d 和 90d 后分别进行冲击试验。试件安装方法参照 GB/T 50081—2002 抗折强度试验，试件上表面几何中心点放置钢质垫板，垫板尺寸为 100mm × 100mm × 10mm。试验所用落锤为实心钢质圆柱体，落锤质量为 3.0kg，下落高度为 300mm。试验时，落锤自由落体砸在试件的中心，每次冲击从落锤自由下落开始，至冲击后落锤完全静止。在落锤反复冲击下，试件产生裂纹、断裂。每组试验一次成型 6 个试件，以六个试件的算术平均值作为该组试件的破坏冲击次数，平均值计算精确至 0.1 次。

冲击能量按式（4–1）计算：

$$W = n \cdot m \cdot g \cdot h \tag{4-1}$$

式中 $W$——冲击能量，N·m；

$n$——破坏时冲击次数；

$m$——落锤质量，kg；

$g$——重力加速度，9.81m/s$^2$；

$h$——落锤下落高度，0.3m。

### 4.9.2 试验结果及分析

混凝土弯曲冲击试验结果见表 4–27 及图 4–32、图 4–33。

图 4–32 混凝土 28d 抗冲击试验后试件表面状况

图 4–33 混凝土 90d 抗冲击试验后试件表面状况

表 4–27 混凝土抗冲击韧性试验结果

| 序号 | 混凝土品种 | 编号 | 28d 试验结果 | | 90d 试验结果 | |
|---|---|---|---|---|---|---|
| | | | 破坏时冲击次数 | 冲击能量（N·m） | 破坏时冲击次数 | 冲击能量（N·m） |
| 1 | 基准混凝土 | S-33-30 | 4.5 | 39.7 | 9.0 | 79.5 |
| 2 | | F-30-25 | 4.3 | 37.5 | 7.5 | 66.2 |
| 3 | 纤维混凝土 | S-P1 | 4.8 | 41.9 | 8.0 | 70.6 |
| 4 | | S-P2 | 4.7 | 41.2 | 8.5 | 75.0 |
| 5 | | S-PP | 4.5 | 39.7 | 5.8 | 51.5 |
| 6 | | F-P1 | 4.5 | 39.7 | 8.3 | 73.6 |
| 7 | | F-P2 | 5.5 | 48.6 | 7.7 | 67.7 |
| 8 | | F-PP | 3.6 | 31.8 | 6.9 | 60.9 |
| 9 | 掺减缩剂混凝土 | S-SRA | 4.6 | 40.6 | 7.3 | 64.7 |
| 10 | | S-SRA-P1 | 4.0 | 35.3 | 9.7 | 85.3 |
| 11 | 掺减缩型减水剂混凝土 | S-SRS | 4.5 | 39.7 | 7.2 | 63.6 |
| 12 | | S-SRS-P1 | 5.0 | 44.1 | 7.5 | 66.2 |

续表

| 序号 | 混凝土品种 | 编号 | 28d 试验结果 | | 90d 试验结果 | |
|---|---|---|---|---|---|---|
| | | | 破坏时冲击次数 | 冲击能量（N·m） | 破坏时冲击次数 | 冲击能量（N·m） |
| 13 | 掺膨胀剂混凝土 | S-UEA | 4.6 | 40.6 | 6.2 | 54.7 |
| 14 | | S-UEA-P1 | 6.5 | 57.4 | 9.3 | 82.4 |
| 15 | 掺 JM-PCA Ⅲ减水剂混凝土 | S-P Ⅲ | 4.3 | 38.3 | 9.2 | 81.2 |
| 16 | | S-P Ⅲ -P1 | 5.8 | 51.2 | 8.6 | 75.9 |
| 17 | 低热水泥混凝土 | S-JH | 5.3 | 47.1 | 7.8 | 69.2 |
| 18 | | F-JH | 8.2 | 72.1 | 9.3 | 82.4 |

试验结果数据表明：

（1）混凝土试件 28d 破坏时的平均冲击次数仅 4~8 次，90d 破坏时的平均冲击次数仅 6~10 次。

（2）从试验过程看，混凝土的脆性很强，在初次开裂前基本上没有预兆，裂缝一经出现便迅速产生断裂破坏，断裂面位置部分骨料已经被拉断。与锦屏水电工程同强度等级砂岩骨料抗冲磨混凝土 28d 破坏时的冲击次数 11~25 次相比，承受冲击次数较少，说明向家坝工程抗冲磨混凝土的抗冲击韧性较低，这与灰岩骨料的硬度低及韧性较差有关。

（3）掺入合成纤维后，混凝土破坏时的冲击次数变化不大，说明合成纤维不能改变混凝土的脆性特征。

## 4.10 混凝土抗冲磨试验——圆环法

混凝土抗冲磨性能是指混凝土抵抗水流或挟砂石水流对混凝土面冲刷、磨损和空蚀破坏的性能。

混凝土的抗冲磨性能难以准确评定，因为还没有一种方法能评定所有条件下混凝土的耐磨性能。目前，水电工程中普遍采用的试验方法为圆环法和水下钢球法。

圆环法抗冲磨试验是通过模拟含砂高速水流对混凝土试件进行冲磨，与多数实际工程混凝土的磨损状态相似，可以很好地比较和评定混凝土的抗冲磨能力。

### 4.10.1　试验设备

试验用圆环高速含砂水流冲刷试验仪，仪器由主机、机电控制与制冷系统、排砂排水箱三部分组成，见图 4–34。主机电机采用调频高速电机，低噪声、无振动，转动的叶轮在环形试件的内环产生高速环流，冲磨混凝土试件的内环面，名义流速，可任意调节。试验水流含砂率可调，一次冲刷时间可调。该机配备了机电控制系统和制冷系统，以控制冲刷腔水温不超过40℃，可实现温度显示监控和试验过程的自动控制。

图 4-34　圆环高速含砂水流冲刷试验仪

## 4.10.2　试验步骤

试验时，仪器设定名义流速为40m/s，冲磨介质采用粒径为0.4~2mm的刚玉砂，水流含砂率为20%（质量比）。每组试件重复冲磨3次，每次20min，总冲磨时间为60min。抗冲磨强度按式（4-2）计算：

$$f_a = TA/\sum \Delta M \tag{4-2}$$

式中　$f_a$——抗冲磨强度，h/(kg/m²)；

$\sum \Delta M$——3次冲磨试件累计冲磨量，kg；

$T$——试验累计冲磨时间，h；

$A$——试件冲刷面积，m²（$A = \prod DH$）；

$D$——试件内径，0.3m；

$H$——试件内环高，0.1m。

## 4.10.3　试验结果及分析

混凝土抗冲磨性能试验前后试件的表面状况见图4-35及图4-36，可以看出，冲刷后的试件表面较为平整，骨料与水泥石之间是一个完好的整体，骨料并没有明显凸出或剥落的现象。混凝土抗冲磨试验结果见表4-28。

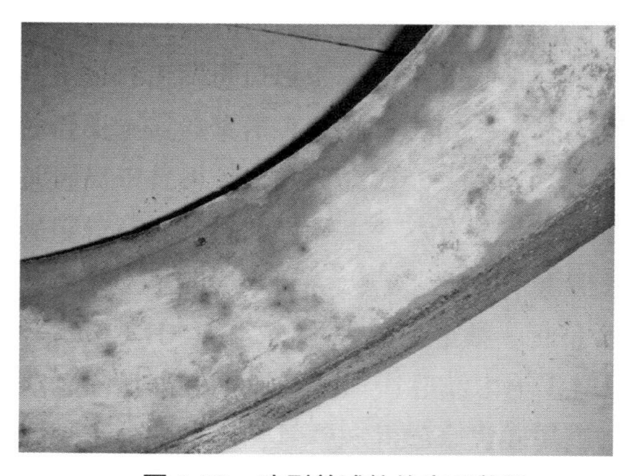

图 4-35　冲刷前试件的表面状况

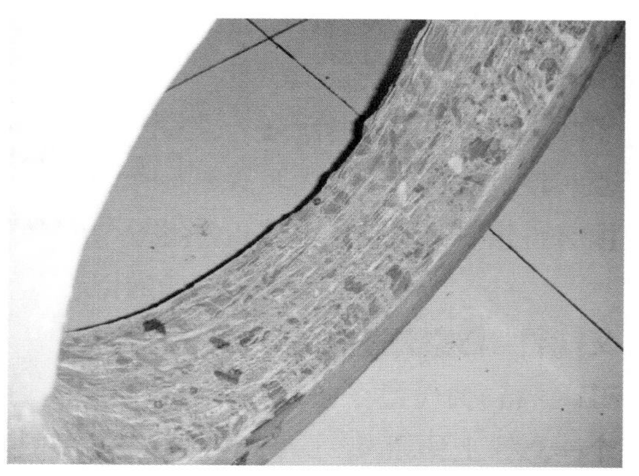

图 4-36　冲刷后试件的表面状况

表 4–28　混凝土抗冲磨试验结果（圆环法）

| 序号 | 混凝土品种 | 编号 | 90d 试验结果 | | | 180d 试验结果 | | |
|---|---|---|---|---|---|---|---|---|
| | | | 抗压强度（MPa） | 平均累计冲磨量（g） | 抗冲磨强度［h/（kg/m$^2$）］ | 抗压强度（MPa） | 平均累计冲磨量（g） | 抗冲磨强度［h/（kg/m$^2$）］ |
| 1 | 基准混凝土 | S-33-30 | 63.0 | 866.5 | 0.11 | 66.2 | 751.0 | 0.13 |
| 2 | | F-30-25 | 67.1 | 782.3 | 0.12 | 73.0 | 688.1 | 0.14 |
| 3 | 纤维混凝土 | S-P1 | 63.3 | 831.9 | 0.11 | 66.4 | 660.5 | 0.15 |
| 4 | | S-P2 | 63.5 | 841.5 | 0.11 | 70.7 | 689.0 | 0.14 |
| 5 | | S-PP | 64.9 | 828.5 | 0.11 | 67.3 | 681.5 | 0.14 |
| 6 | | F-P1 | 67.0 | 751.5 | 0.13 | 71.2 | 621.0 | 0.15 |
| 7 | | F-P2 | 68.1 | 776.5 | 0.12 | 73.7 | 631.5 | 0.14 |
| 8 | | F-PP | 68.6 | 741.8 | 0.13 | 69.9 | 549.0 | 0.17 |
| 9 | 掺减缩剂混凝土 | S-SRA | 68.1 | 812.3 | 0.10 | 71.4 | 698.0 | 0.14 |
| 10 | | S-SRA-P1 | 68.7 | 721.5 | 0.13 | 76.5 | 591.8 | 0.16 |
| 11 | 掺减缩型减水剂混凝土 | S-SRS | 67.8 | 902.8 | 0.10 | 70.8 | 811.3 | 0.12 |
| 12 | | S-SRS-P1 | 64.0 | 871.0 | 0.11 | 68.7 | 795.8 | 0.12 |
| 13 | 掺膨胀剂混凝土 | S-UEA | 68.5 | 793.8 | 0.12 | 74.0 | 636.8 | 0.15 |
| 14 | | S-UEA-P1 | 68.0 | 766.5 | 0.12 | 73.2 | 602.5 | 0.16 |
| 15 | 掺 JM-PCA Ⅲ减水剂混凝土 | S-P Ⅲ | 63.4 | 853.8 | 0.11 | 67.5 | 792.8 | 0.12 |
| 16 | | S-P Ⅲ -P1 | 64.6 | 800.5 | 0.12 | 70.2 | 661.5 | 0.14 |
| 17 | 低热水泥混凝土 | S-JH | 64.5 | 902.5 | 0.10 | 68.5 | 772.3 | 0.12 |
| 18 | | F-JH | 68.2 | 919.0 | 0.10 | 74.6 | 656.0 | 0.14 |

试验结果数据表明：

（1）混凝土 90d 的抗冲磨强度为（0.10~0.13）h/(kg/m$^2$)，180d 的抗冲磨强度为（0.12~0.17）h/(kg/m$^2$)。与近年来完成的其他工程相比，抗冲磨性能相差较大。小湾水电站和糯扎渡水电站均采用花岗岩骨料，90d 的抗压强度在 60~70MPa 之间，抗冲磨强度在 0.21~0.30h/(kg/m$^2$) 之间。锦屏水电工程使用砂岩骨料，其硅粉混凝土的抗冲磨强度与向家坝工程相近。

（2）掺入纤维后，混凝土的平均累计冲磨量减少，抗冲磨强度略有提高。

（3）掺减缩剂或膨胀剂混凝土的抗冲磨强度略有提高。

（4）掺减缩减水剂和 JM–PCA Ⅲ减水剂混凝土的抗冲磨强度略有下降。

（5）与中热水泥相比，低热水泥混凝土 90d 的抗冲磨强度略低，180d 的抗冲磨强度相差不大。

## 4.11 混凝土抗冲磨试验——水下钢球法

通过测定混凝土表面受水下高速流动介质的相对抗力，来比较和评定混凝土表面的相对抗冲磨能力。

### 4.11.1 试验设备

试验用钢球冲磨仪，主要部件包括：①驱动装置，能使搅拌桨以 1200r/min 速度旋转的电机装置。②钢筒，内径为 305mm ± 6mm，高 450mm ± 25mm。③研磨料，70 个研磨钢球，规格见表 4–29。

表 4–29 研磨钢球数量级直径

| 钢球数量（个） | 10 | 35 | 25 |
|---|---|---|---|
| 直径（mm） | 25.4 ± 0.1 | 19.1 ± 0.1 | 12.7 ± 0.1 |

### 4.11.2 试验步骤

（1）试验前，试件需在水中浸泡至少 48h。试验时取出试件，擦去表面水分，称重。

（2）按要求将试件放入冲磨仪，将研磨钢球放在试件表面，并加水至水面高出试件表面 165mm。

（3）确认转轴转速在 1200r/min 后，开机。

（4）每隔 24h，在钢筒内加 1~2 次水至原水位高度。

（5）累计冲磨 72h，取出试件，清洗干净，擦去表面水分，称量。

### 4.11.3　试验结果及分析

冲刷前后试件的表面状况见图 4-37 及图 4-38。从图中可以看出，混凝土试件表面磨损不均匀，试件边缘磨损较多而中部较少，混凝土抗冲磨试验结果见表 4-30。

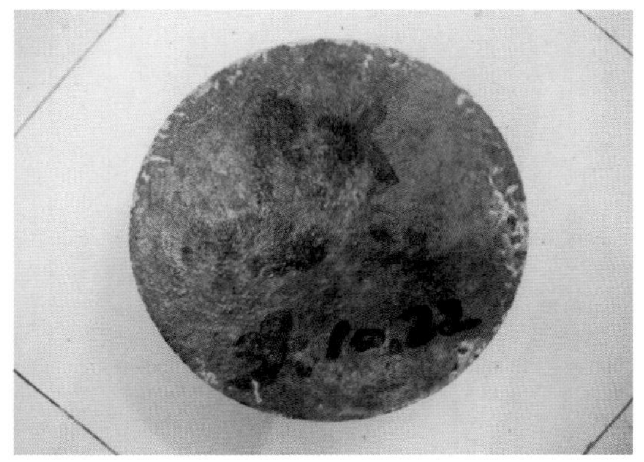

图 4-37　冲刷前试件的表面状况

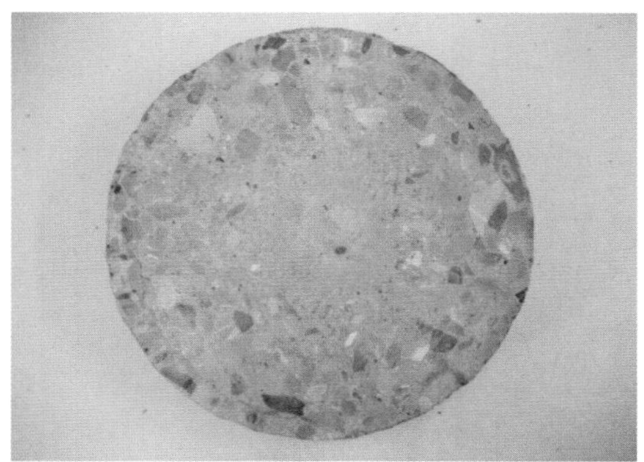

图 4-38　冲刷后试件的表面状况

试验结果数据表明：

（1）掺纤维后，混凝土的抗冲磨强度略有提高。

（2）掺减缩剂或膨胀剂，混凝土的抗冲磨强度略有提高，与纤维复掺后效果更加明显。

（3）掺减缩减水剂或 JM-PCA Ⅲ减水剂，混凝土的抗冲磨强度略有下降。

（4）低热水泥配制的混凝土抗冲磨强度与中热水泥相差不大，180d 的抗冲磨强度略高。

## 4.12　混凝土抗裂性试验——平板法

平板约束试验可以测试混凝土塑性阶段产生裂缝的情况，能迅速体现和比较不同混凝土的塑性收缩性能和抗裂性能。

表 4–30　混凝土抗冲磨试验结果（水下钢球法）

| 序号 | 混凝土品种 | 编号 | 90d 试验结果 | | | 180d 试验结果 | | |
|---|---|---|---|---|---|---|---|---|
| | | | 抗压强度（MPa） | 平均累计冲磨量（g） | 抗冲磨强度［h/（kg/m²）］ | 抗压强度（MPa） | 平均累计冲磨量（g） | 抗冲磨强度［h/（kg/m²）］ |
| 1 | 基准混凝土 | S-33-30 | 63.0 | 533.8 | 9.53 | 66.2 | 451.8 | 11.26 |
| 2 | | F-30-25 | 67.1 | 518.8 | 9.81 | 73.0 | 435.3 | 11.69 |
| 3 | 纤维混凝土 | S-P1 | 63.3 | 512.5 | 9.93 | 66.4 | 420.5 | 12.10 |
| 4 | | S-P2 | 63.5 | 521.5 | 9.76 | 70.7 | 430.3 | 11.83 |
| 5 | | S-PP | 64.9 | 531.3 | 9.58 | 67.3 | 429.0 | 11.86 |
| 6 | | F-P1 | 67.0 | 508.0 | 10.02 | 71.2 | 425.7 | 11.96 |
| 7 | | F-P2 | 68.1 | 481.5 | 10.57 | 73.7 | 418.0 | 12.18 |
| 8 | | F-PP | 68.6 | 501.8 | 10.14 | 69.9 | 427.1 | 11.92 |
| 9 | 掺减缩剂混凝土 | S-SRA | 68.1 | 531.5 | 9.58 | 71.4 | 443.8 | 11.47 |
| 10 | | S-SRA-P1 | 68.7 | 516.3 | 9.86 | 76.5 | 431.8 | 11.79 |
| 11 | 掺减缩型减水剂混凝土 | S-SRS | 67.8 | 626.5 | 8.12 | 70.8 | 491.5 | 10.35 |
| 12 | | S-SRS-P1 | 64.0 | 611.0 | 8.33 | 68.7 | 461.3 | 11.03 |
| 13 | 掺膨胀剂混凝土 | S-UEA | 68.5 | 507.8 | 10.03 | 74.0 | 419.5 | 12.13 |
| 14 | | S-UEA-P1 | 68.0 | 459.5 | 11.08 | 73.2 | 373.3 | 13.63 |
| 15 | 掺 JM-PCA Ⅲ减水剂混凝土 | S-P Ⅲ | 63.4 | 596.3 | 8.53 | 67.5 | 473.8 | 10.74 |
| 16 | | S-P Ⅲ -P1 | 64.6 | 580.3 | 8.77 | 70.2 | 451.2 | 11.28 |
| 17 | 低热水泥混凝土 | S-JH | 64.5 | 549.5 | 9.26 | 68.5 | 442.0 | 11.51 |
| 18 | | F-JH | 68.2 | 516.3 | 9.86 | 74.6 | 415.3 | 12.25 |

试验采用中国土木工程协会标准 CCES 01—2004《混凝土结构耐久性设计与施工指南》中附录 A2 推荐的测试方法——平板法。

### 4.12.1　试验步骤

将混凝土拌合物中粒径大于 20mm 的骨料筛除，浇筑、振实、抹平后立即用塑料薄膜覆盖，保持环境温度为 30℃，相对湿度为 60%。2h 后将塑料薄膜取下，用风扇吹混凝土表面，风速 8m/s，记录试件开裂时间、裂缝数量、裂缝长度和宽度。从浇筑之时起，记录 24h。裂缝长度以肉眼可见为准，近似取裂缝两端直线距离，当裂缝出现明显弯折时，以折线长度之和代表裂缝长度。用读数显微镜测量每条裂缝的最大宽度。根据 24h 开裂情况，计算下列三个参数：

裂缝的平均裂开面积：

$$a=\frac{1}{2N}\sum_{i}^{N}W_i \cdot L_i \ (\text{mm}^2/\text{根}) \tag{4-3}$$

单位面积的开裂裂缝数目：

$$b=\frac{N}{A} \ (\text{根}/\text{m}^2) \tag{4-4}$$

单位面积上的总裂开面积：

$$C=a \cdot b \ (\text{mm}^2/\text{m}^2) \tag{4-5}$$

式中　$W_i$——第 $i$ 根裂缝的最大宽度，mm；

$L_i$——第 $i$ 根裂缝的长度，mm；

$N$——总裂缝数量，根；

$A$——平板的面积，$0.36\text{m}^2$。

### 4.12.2　抗裂性评价方法

试件早期的抗裂性评价准则如下：

（1）仅有非常细的裂纹；

（2）裂缝平均裂开面积 < $10\text{mm}^2$/ 条；

（3）单位面积开裂裂缝数目 < 10 条 /$\text{m}^2$；

（4）单位面积上的总裂开面积 < $100\text{mm}^2/\text{m}^2$。

按照上述四个准则，将抗裂性划分为五个等级：

Ⅰ级：全部满足上述四个条件；

Ⅱ级：满足上述四个条件中的 3 个；

Ⅲ级：满足上述四个条件中的 2 个；

Ⅳ级：满足上述四个条件中的 1 个；

Ⅴ级：不满足上述四个条件。

### 4.12.3 试验结果及分析

为了便于比较混凝土的抗裂性能，试验中将风扇改为排气扇，对风速进行了加大调整以增加开裂趋势。平板试件尺寸为 600mm × 600mm × 63mm，平板法试验模具见图 4-39，裂缝观测仪器见图 4-40。试验结果见表 4-31 及图 4-41~ 图 4-48。

图 4-39 平板法试验模具

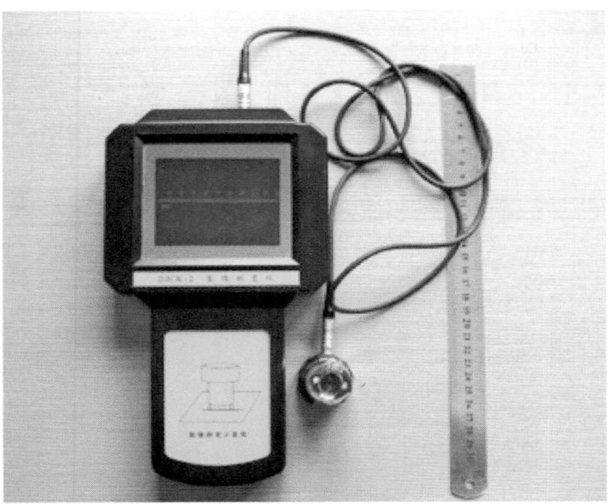

图 4-40 裂缝观测仪器

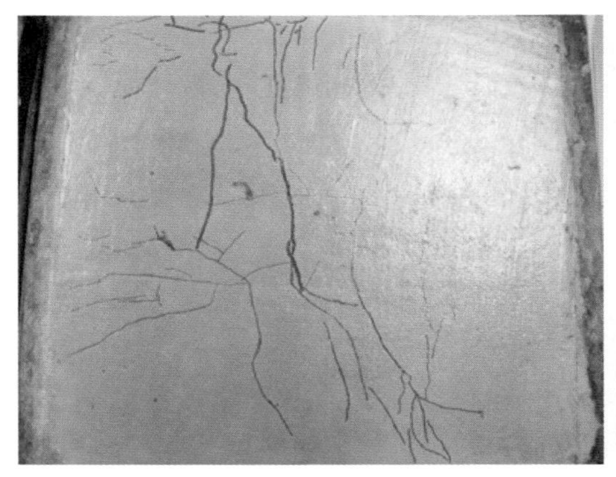

图 4-41 硅粉混凝土

图 4-42 硅粉 +PVA1

表 4–31　混凝土抗裂性能试验结果

| 序号 | 混凝土品种 | 编号 | 开裂时间（h：min） | 裂缝数量（条） | 裂缝宽度（mm） | 裂缝平均开裂面积（$mm^2$/条） | 单位面积的开裂裂缝数目（条/$m^2$） | 单位面积上的总裂开面积（$mm^2/m^2$） | 抗裂性等级 |
|---|---|---|---|---|---|---|---|---|---|
| 1 | 基准混凝土 | S-33-30 | 3：00 | 79 | 0.01~0.44 | 1.61 | 219 | 354 | Ⅳ |
| 2 | | F-30-25 | 3：40 | 65 | 0.01~0.06 | 0.62 | 181 | 112 | Ⅳ |
| 3 | 纤维混凝土 | S-P1 | 6：40 | 66 | 0.01~0.25 | 0.77 | 183 | 142 | Ⅳ |
| 4 | | S-P2 | 5：40 | 37 | 0.01~0.02 | 1.60 | 103 | 106 | Ⅳ |
| 5 | | S-PP | 5：45 | 52 | 0.01~0.16 | 1.17 | 144 | 169 | Ⅳ |
| 6 | | F-P1 | 5：50 | 50 | 0.01~0.05 | 0.94 | 139 | 131 | Ⅳ |
| 7 | | F-P2 | 7：40 | 20 | 0.01~0.02 | 0.86 | 56 | 48 | Ⅲ |
| 8 | | F-PP | 6：35 | 52 | 0.01~0.04 | 0.58 | 144 | 84 | Ⅲ |
| 9 | 掺减缩剂混凝土 | S-SRA | 6：28 | 58 | 0.01~0.38 | 1.47 | 161 | 236 | Ⅳ |
| 10 | | S-SRA-P1 | 8：45 | 16 | 0.01~0.03 | 0.24 | 44 | 11 | Ⅲ |
| 11 | 掺减缩型减水剂混凝土 | S-SRS | 6：05 | 108 | 0.01~0.08 | 0.54 | 300 | 161 | Ⅳ |
| 12 | | S-SRS-P1 | 7：40 | 93 | 0.01~0.04 | 0.34 | 258 | 88 | Ⅲ |
| 13 | 掺膨胀剂混凝土 | S-UEA | 8：50 | 10 | 0.01 | 0.23 | 28 | 6 | Ⅱ |
| 14 | | S-UEA-P1 | 未裂 | 0 | — | — | — | — | Ⅰ |
| 15 | 掺 JM-PCA Ⅲ减水剂混凝土 | S-P Ⅲ | 6：10 | 33 | 0.01~0.28 | 2.35 | 92 | 216 | Ⅳ |
| 16 | | S-P Ⅲ -P1 | 11：30 | 18 | 0.01~0.02 | 0.28 | 50 | 14 | Ⅱ |
| 17 | 低热水泥混凝土 | S-JH | 7：00 | 39 | 0.01~0.02 | 0.35 | 108 | 38 | Ⅱ |
| 18 | | F-JH | 6：00 | 46 | 0.01~0.06 | 0.77 | 128 | 99 | Ⅲ |

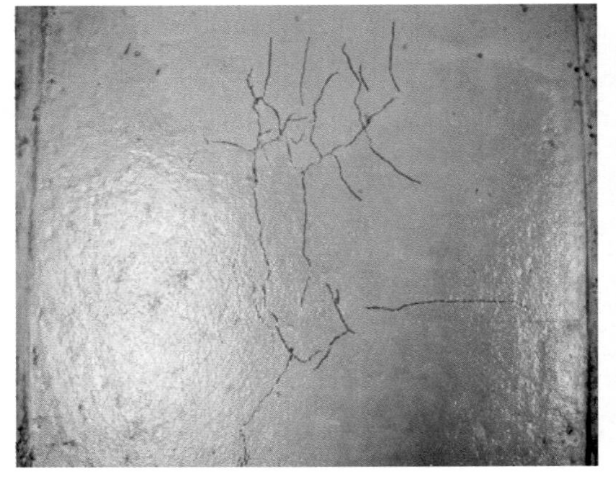

图 4-43　硅粉 +PVA2

图 4-44　硅粉 +PP

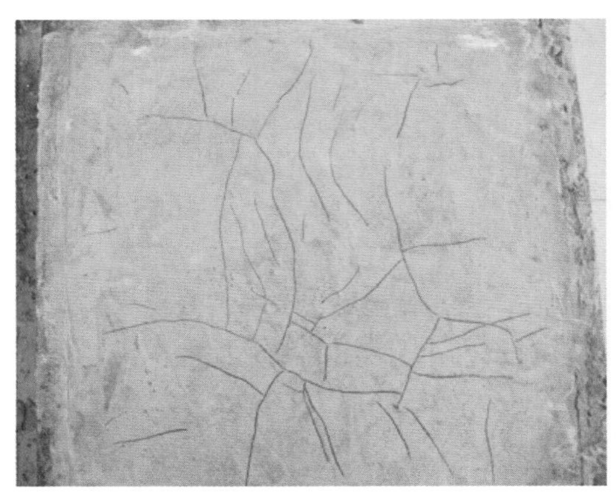

图 4-45　粉煤灰 +PVA1

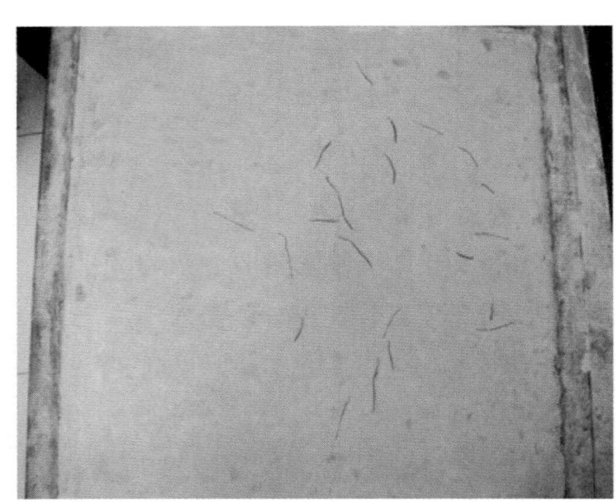

图 4-46　硅粉 + 减缩剂 +PVA1

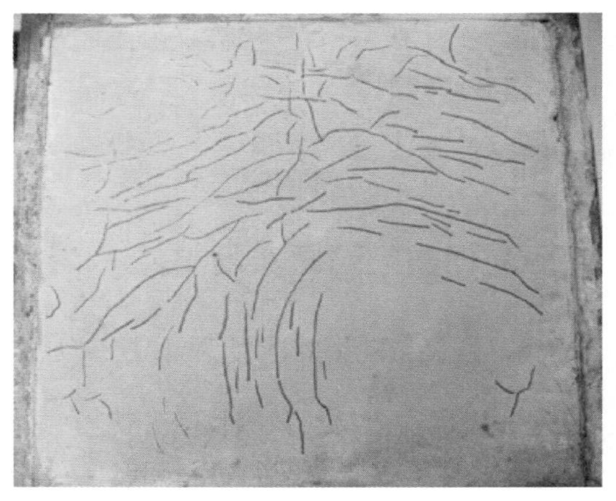

图 4-47　硅粉 + 减缩减水剂

图 4-48　硅粉 + 膨胀剂 +PVA1

#### 4.12.3.1 纤维品种的影响

掺入纤维能显著延迟混凝土开裂的时间，降低裂缝的数量、宽度和开裂面积，改善混凝土的抗裂性能。改善效果以 PVA2 纤维最佳，PVA1 和 PP 纤维接近。

#### 4.12.3.2 外加剂的影响

（1）掺减缩剂后混凝土的开裂时间延迟，裂缝数量和最大裂缝宽度减少，可以改善混凝土的抗裂性能。与 PVA1 纤维复掺后，改善效果更好，混凝土的抗裂等级由Ⅳ级提高到Ⅲ级。

（2）掺减缩减水剂混凝土的开裂时间延迟，裂缝最大宽度减少，但裂缝数量增加，未能改善混凝土的抗裂性能。

（3）掺膨胀剂混凝土的裂缝数量明显减少，裂纹非常细微，从试验过程看，膨胀剂对混凝土抗裂性能的改善最优，混凝土的抗裂等级由Ⅳ级提高到Ⅱ级。与 PVA1 纤维复掺后，试件未出现早期塑性裂缝。

（4）掺 JM-PCA Ⅲ减水剂混凝土的开裂时间延迟，裂缝数量和最大裂缝宽度减少，可以改善混凝土的抗裂性能。

#### 4.12.3.3 低热水泥的影响

低热水泥混凝土的开裂时间延迟，产生的裂纹非常细微，裂缝数目、裂缝平均开裂面积及单位面积上的总裂开面积均远远小于中热水泥混凝土。综合比较，低热水泥硅粉混凝土、中热水泥硅粉混凝土的抗裂性等级分别为Ⅱ级、Ⅳ级，低热水泥粉煤灰混凝土、中热水泥粉煤灰混凝土的抗裂性等级分别为Ⅲ级、Ⅳ级，即低热水泥可以提高混凝土塑性阶段的抗裂性能。

## 4.13 混凝土抗裂性试验——圆环法

圆环法抗裂试验是在规定的养护条件下，通过考察受约束的混凝土圆环试件的开裂趋势，来评价混凝土的抗裂性。

试验采用《铁路混凝土工程施工质量验收补充标准》（铁建设〔2005〕160 号）附录 C 推荐的测试方法[50]。圆环抗裂试验模具见图 4-49。

图 4-49　圆环抗裂试验模具

## 4.13.1　试验步骤

（1）每组至少成型 2 个混凝土圆环试件。

（2）拌制混凝土拌合物，加水完毕时开始计时。

（3）将混凝土拌合物中粒径大于 20mm 的骨料筛除，分 2 层装模，每层高度大致相同，每装一层，用捣棒均匀插捣 75 次，再在振动台上振 5~10s，以表面翻浆为准。平整试件顶部后移入标准养护室。

（4）养护 24h ± 1h 后，拆模，将试件连同模具的内环一起取出，在试件顶面和底面涂抹隔离剂（石蜡）进行密封处理，继续在标准养护室养护至 7d 龄期，然后置入温度（20 ± 2）℃、湿度（60 ± 5）% 的干燥环境中。试件下垫 40mm × 40mm 木板条，板条间隔 100mm。

（5）每 4h 观测一次圆环试件外侧面，试件出现开裂后，记录外侧面的开裂模式（包括裂缝位置、长度和宽度），并计算开裂时间（从加水搅拌后 7d 开始计时）。从初裂开始，一直观测 7d。测出最大裂缝宽度和裂缝条数。

## 4.13.2　试验结果及分析

混凝土抗裂性能圆环法试验试件观测至 14d 左右，试件情况见图 4-50~ 图 4-55。试验观测结果表明，不同试验组合的混凝土圆环法试件均未开裂。

图 4-50　粉煤灰混凝土

图 4-51　粉煤灰 +PVA1

图 4-52　硅粉混凝土及硅粉 +PVA1

图 4-53　硅粉 + 减缩剂

图 4-54　低热水泥 + 硅粉

图 4-55　低热水泥 + 粉煤灰

## 4.14 小结

本项目试验以硅粉混凝土、粉煤灰混凝土为基准配合比，研究比较了合成纤维、减缩剂、减缩减水剂、膨胀剂、JM–PCA Ⅲ减水剂和低热水泥对混凝土性能的影响，并提出抗冲耐磨混凝土原材料选用方案，供向家坝水电站工程选用。不同试验组合的混凝土性能试验结果汇总于表 4–32~ 表 4–37。

### 4.14.1 基准混凝土对比

（1）粉煤灰混凝土的水胶比小，胶材用量多，拌合物较黏稠，收光抹面难度较大，而硅粉混凝土的和易性较好，在施工性能方面硅粉混凝土更好。

（2）硅粉混凝土的极限拉伸值较高，自生体积收缩变形较小，两者的干缩值相差不大。

（3）粉煤灰混凝土的裂缝数目较少（平板法），抗冲磨强度比硅粉混凝土略高。

（4）硅粉混凝土 28d 的绝热温升为 32.4℃，比粉煤灰混凝土低 6.4℃左右，有利于降低混凝土的温度应力，减少温度裂缝的产生。

从提高混凝土的施工性能、减少温度裂缝、提高抗裂性的角度考虑，可采用硅粉混凝土的方案。

### 4.14.2 纤维的影响

（1）纤维混凝土的黏聚性和保水性较好，其中 PVA1 和 PP 纤维的分散性较好，PVA2 纤维的分散性较差。

（2）纤维对混凝土的强度、自变和绝热温升影响较小。

（3）纤维对混凝土的干缩影响较小，在早龄期有一定的抑制效果，后期混凝土的干缩值略有增加。

（4）纤维可以提高混凝土的极限拉伸值，其中 PVA1 纤维的效果最好。

（5）掺入纤维能显著延迟混凝土开裂的时间，降低裂缝的数量、宽度和开裂面积，提高混凝土塑性阶段的抗裂性能。

（6）掺入纤维后，混凝土的抗冲磨强度略有提高。

从提高混凝土的极限拉伸值和抗冲磨强度，防止塑性收缩开裂的角度考虑，可掺 PVA1 纤维。

表 4-32　纤维对混凝土性能的影响

| 序号 | 试验组合 | 用水量 (kg/m$^3$) | 胶材总量 (kg/m$^3$) | 和易性描述 | 抗压强度（MPa） | | | | 劈拉强度（MPa） | | | | 极限拉伸值（$\times 10^{-6}$） | | | 干缩率（$\times 10^{-6}$） | | | |
|---|---|---|---|---|---|---|---|---|---|---|---|---|---|---|---|---|---|---|---|
| | | | | | 7d | 28d | 90d | 180d | 7d | 28d | 90d | 180d | 28d | 90d | 180d | 7d | 28d | 90d | 180d |
| 1 | 粉煤灰混凝土 | 105 | 350 | 较黏稠，但不板结，缓慢坍落。纤维掺入后坍落度降低，但黏聚性、保水性更好 | 42.3 | 58.7 | 67.1 | 73.0 | 2.55 | 3.40 | 3.72 | 4.07 | 95 | 104 | 111 | 55 | 121 | 202 | 228 |
| 2 | 粉煤灰 +PVA1 | | | | 42.7 | 61.3 | 67.0 | 71.2 | 2.89 | 3.54 | 3.96 | 4.19 | 96 | 108 | 118 | 35 | 106 | 195 | 215 |
| 3 | 粉煤灰 +PVA2 | | | | 41.4 | 58.0 | 68.1 | 73.7 | 2.79 | 3.55 | 3.80 | 4.12 | 92 | 107 | 112 | 51 | 130 | 210 | 229 |
| 4 | 粉煤灰 +PP | | | | 41.0 | 58.2 | 68.6 | 69.9 | 2.83 | 3.46 | 3.91 | 4.32 | 97 | 102 | 110 | 49 | 126 | 206 | 239 |
| 5 | 硅粉混凝土 | 108 | 327.3 | 掺入硅粉后，和易性改善。纤维掺入后坍落度降低，但黏聚性、保水性更好 | 34.3 | 54.1 | 63.0 | 66.2 | 2.30 | 3.38 | 3.47 | 3.68 | 100 | 106 | 115 | 59 | 138 | 195 | 212 |
| 6 | 硅粉 +PVA1 | | | | 34.2 | 55.6 | 63.3 | 66.4 | 2.25 | 3.44 | 3.55 | 3.82 | 110 | 118 | 120 | 57 | 134 | 199 | 233 |
| 7 | 硅粉 +PVA2 | | | | 36.2 | 54.3 | 63.5 | 70.7 | 2.74 | 3.30 | 3.54 | 3.77 | 108 | 112 | 115 | 48 | 115 | 172 | 216 |
| 8 | 硅粉 +PP | | | | 34.0 | 52.8 | 64.9 | 67.3 | 2.42 | 3.53 | 3.76 | 3.89 | 97 | 110 | 115 | 57 | 132 | 193 | 230 |

| 序号 | 试验组合 | 自变（$\times 10^{-6}$） | | | | 绝热温升（℃） | 抗冻等级 | 冲击韧性（次） | | 抗冲磨强度［h/（kg/m$^2$）］ | | | | 平板法开裂试验 | | 圆环法开裂试验 |
|---|---|---|---|---|---|---|---|---|---|---|---|---|---|---|---|---|
| | | | | | | | | | | 圆环法 | | 水下钢球法 | | 裂缝数量（根） | 抗裂性等级 | 裂缝数量（根） |
| | | 7d | 28d | 90d | 180d | 28d | 28d | 28d | 90d | 90d | 180d | 90d | 180d | | | |
| 1 | 粉煤灰混凝土 | 5.1 | 2.8 | -10.3 | -14.3 | 38.8 | ＞F300 | 4.3 | 7.5 | 0.12 | 0.14 | 9.81 | 11.69 | 65 | Ⅳ | 0 |
| 2 | 粉煤灰 +PVA1 | — | — | — | — | 38.6 | ＞F300 | 4.5 | 8.3 | 0.13 | 0.15 | 10.02 | 11.96 | 50 | Ⅳ | 0 |
| 3 | 粉煤灰 +PVA2 | — | — | — | — | — | — | 5.5 | 7.7 | 0.12 | 0.14 | 10.57 | 12.18 | 20 | Ⅲ | 0 |
| 4 | 粉煤灰 +PP | — | — | — | — | — | — | 3.6 | 6.9 | 0.13 | 0.17 | 10.14 | 11.92 | 52 | Ⅲ | 0 |
| 5 | 硅粉混凝土 | -0.1 | -1.3 | -3.6 | -6.9 | 32.4 | ＞F300 | 4.5 | 9.0 | 0.11 | 0.13 | 9.53 | 11.26 | 79 | Ⅳ | 0 |
| 6 | 硅粉 +PVA1 | — | — | — | — | 32.0 | ＞F300 | 4.8 | 8.0 | 0.11 | 0.15 | 9.93 | 12.10 | 66 | Ⅳ | 0 |
| 7 | 硅粉 +PVA2 | — | — | — | — | — | — | 4.7 | 8.5 | 0.11 | 0.14 | 9.76 | 11.83 | 37 | Ⅳ | 0 |
| 8 | 硅粉 +PP | — | — | — | — | — | — | 4.5 | 5.8 | 0.11 | 0.14 | 9.58 | 11.86 | 52 | Ⅳ | 0 |

表 4–33　减缩剂对混凝土性能的影响

| 序号 | 试验组合 | 用水量 (kg/m³) | 胶材总量 (kg/m³) | 和易性描述 | 抗压强度（MPa） | | | | 劈拉强度（MPa） | | | | 极限拉伸值（×10⁻⁶） | | | 干缩率（×10⁻⁶） | | | |
|---|---|---|---|---|---|---|---|---|---|---|---|---|---|---|---|---|---|---|---|
| | | | | | 7d | 28d | 90d | 180d | 7d | 28d | 90d | 180d | 28d | 90d | 180d | 7d | 28d | 90d | 180d |
| 1 | 硅粉混凝土 | 108 | 327.3 | 硅粉混凝土和易性好，纤维掺入后坍落度降低，但容易成型。掺减缩剂后，混凝土引气困难 | 34.3 | 54.1 | 63.0 | 66.2 | 2.30 | 3.38 | 3.47 | 3.68 | 100 | 106 | 115 | 59 | 138 | 195 | 212 |
| 2 | 硅粉 + 减缩剂 | | | | 36.8 | 59.4 | 68.1 | 71.4 | 2.33 | 3.40 | 3.86 | 4.12 | 101 | 113 | 117 | 27 | 85 | 155 | 176 |
| 3 | 硅粉 +PVA1 | | | | 34.2 | 55.6 | 63.3 | 66.4 | 2.25 | 3.44 | 3.55 | 3.82 | 110 | 118 | 120 | 57 | 134 | 199 | 233 |
| 4 | 硅粉 + 减缩剂 +PVA1 | | | | 35.7 | 57.7 | 68.7 | 71.5 | 2.54 | 3.46 | 4.02 | 4.13 | 106 | 115 | 120 | 33 | 85 | 140 | 154 |

| 序号 | 试验组合 | 自变（×10⁻⁶） | | | | 绝热温升（℃） | 抗冻等级 | 冲击韧性（次） | | 抗冲磨强度［h/（kg/m²）］ | | | | 平板法开裂试验 | | 圆环法开裂试验 |
|---|---|---|---|---|---|---|---|---|---|---|---|---|---|---|---|---|
| | | | | | | | | | | 圆环法 | | 水下钢球法 | | 裂缝数量（根） | 抗裂性等级 | 裂缝数量（根） |
| | | 7d | 28d | 90d | 180d | 28d | 28d | 28d | 90d | 90d | 180d | 90d | 180d | | | |
| 1 | 硅粉混凝土 | −0.1 | −1.3 | −3.6 | −6.9 | 32.4 | ＞ F300 | 4.5 | 9.0 | 0.11 | 0.13 | 9.53 | 11.26 | 79 | Ⅳ | 0 |
| 2 | 硅粉 + 减缩剂 | −1.5 | 3.4 | 9.4 | 8.6 | | F300 | 4.6 | 7.3 | 0.10 | 0.14 | 9.58 | 11.47 | 58 | Ⅳ | 0 |
| 3 | 硅粉 +PVA1 | | | | | 32.0 | ＞ F300 | 4.8 | 8.0 | 0.11 | 0.15 | 9.93 | 12.10 | 66 | Ⅳ | 0 |
| 4 | 硅粉 + 减缩剂 +PVA1 | 0.4 | 6.1 | 19.8 | 13.2 | | F300 | 4.0 | 9.7 | 0.13 | 0.16 | 9.86 | 11.79 | 16 | Ⅲ | 0 |

表 4–34　减缩减水剂对混凝土性能的影响

| 序号 | 试验组合 | 用水量 (kg/m³) | 胶材总量 (kg/m³) | 和易性描述 | 抗压强度（MPa） | | | | 劈拉强度（MPa） | | | 极限拉伸值（×10⁻⁶） | | | | 干缩率（×10⁻⁶） | | | |
|---|---|---|---|---|---|---|---|---|---|---|---|---|---|---|---|---|---|---|---|
| | | | | | 7d | 28d | 90d | 180d | 7d | 28d | 90d | 180d | 28d | 90d | 180d | 7d | 28d | 90d | 180d |
| 1 | 硅粉混凝土 | 108 | 327.3 | | 34.3 | 54.1 | 63.0 | 66.2 | 2.30 | 3.38 | 3.47 | 3.68 | 100 | 106 | 115 | 59 | 138 | 195 | 212 |
| 2 | 硅粉＋减缩减水剂 | 105 | 318.2 | 硅粉混凝土和易性好，纤维掺入后坍落度降低。掺减缩减水剂后，和易性变化不明显 | 32.4 | 53.9 | 67.8 | 70.8 | 2.09 | 3.32 | 3.85 | 4.21 | 98 | 110 | 117 | 43 | 120 | 191 | 199 |
| 3 | 硅粉 +PVA1 | 108 | 327.3 | | 34.2 | 55.6 | 63.3 | 66.4 | 2.25 | 3.44 | 3.55 | 3.82 | 110 | 118 | 120 | 57 | 134 | 199 | 233 |
| 4 | 硅粉＋减缩减水剂 +PVA1 | 113 | 342.4 | | 32.5 | 53.5 | 64.0 | 68.7 | 2.44 | 3.45 | 4.02 | 4.29 | 108 | 116 | 118 | 46 | 131 | 210 | 217 |

| 序号 | 试验组合 | 自变（×10⁻⁶） | | | | 绝热温升（℃） | 抗冻等级 | 冲击韧性（次） | | 抗冲磨强度［h/（kg/m²）］ | | | | 平板法开裂试验 | | 圆环法开裂试验 |
|---|---|---|---|---|---|---|---|---|---|---|---|---|---|---|---|---|
| | | | | | | | | | | 圆环法 | | 水下钢球法 | | 裂缝数量（根） | 抗裂性等级 | 裂缝数量（根） |
| | | 7d | 28d | 90d | 180d | 28d | 28d | 28d | 90d | 90d | 180d | 90d | 180d | | | |
| 1 | 硅粉混凝土 | -0.1 | -1.3 | -3.6 | -6.9 | 32.4 | ＞F300 | 4.5 | 9.0 | 0.11 | 0.13 | 9.53 | 11.26 | 79 | Ⅳ | 0 |
| 2 | 硅粉＋减缩减水剂 | | | | | | ＞F300 | 4.5 | 7.2 | 0.10 | 0.12 | 8.12 | 10.35 | 108 | Ⅳ | 0 |
| 3 | 硅粉 +PVA1 | | | | | 32.0 | ＞F300 | 4.8 | 8.0 | 0.11 | 0.15 | 9.93 | 12.10 | 66 | Ⅳ | 0 |
| 4 | 硅粉＋减缩减水剂 +PVA1 | | | | | | ＞F300 | 5.0 | 7.5 | 0.11 | 0.13 | 8.33 | 11.03 | 93 | Ⅲ | 0 |

**表 4-35　膨胀剂对混凝土性能的影响**

| 序号 | 试验组合 | 用水量(kg/m³) | 胶材总量(kg/m³) | 和易性描述 | 抗压强度（MPa） | | | | 劈拉强度（MPa） | | | 极限拉伸值（×10⁻⁶） | | | | 干缩率（×10⁻⁶） | | | |
|---|---|---|---|---|---|---|---|---|---|---|---|---|---|---|---|---|---|---|---|
| | | | | | 7d | 28d | 90d | 180d | 7d | 28d | 90d | 180d | 28d | 90d | 180d | 7d | 28d | 90d | 180d |
| 1 | 硅粉混凝土 | 108 | 327.3 | 硅粉混凝土和易性好，纤维掺入后坍落度降低。掺膨胀剂后，混凝土的和易性略有改善 | 34.3 | 54.1 | 63.0 | 66.2 | 2.30 | 3.38 | 3.47 | 3.68 | 100 | 106 | 115 | 59 | 138 | 195 | 212 |
| 2 | 硅粉＋膨胀剂 | | | | 35.6 | 60.8 | 68.5 | 74.0 | 2.33 | 3.76 | 3.89 | 4.25 | 109 | 114 | 118 | 83 | 200 | 276 | 286 |
| 3 | 硅粉＋PVA1 | | | | 34.2 | 55.6 | 63.3 | 66.4 | 2.25 | 3.44 | 3.55 | 3.82 | 110 | 118 | 120 | 57 | 134 | 199 | 233 |
| 4 | 硅粉＋膨胀剂＋PVA1 | | | | 36.6 | 59.7 | 68.0 | 73.2 | 2.43 | 3.82 | 4.01 | 4.32 | 115 | 118 | 121 | 82 | 226 | 310 | 325 |

| 序号 | 试验组合 | 自变（×10⁻⁶） | | | | 绝热温升（℃） | 抗冻等级 | 冲击韧性（次） | | 抗冲磨强度［h/（kg/m²）］ | | | | 平板法开裂试验 | | 圆环法开裂试验 |
|---|---|---|---|---|---|---|---|---|---|---|---|---|---|---|---|---|
| | | | | | | | | | | 圆环法 | | 水下钢球法 | | 裂缝数量（根） | 抗裂性等级 | 裂缝数量（根） |
| | | 7d | 28d | 90d | 180d | 28d | 28d | 28d | 90d | 90d | 180d | 90d | 180d | | | |
| 1 | 硅粉混凝土 | -0.1 | -1.3 | -3.6 | -6.9 | 32.4 | ＞F300 | 4.5 | 9.0 | 0.11 | 0.13 | 9.53 | 11.26 | 79 | Ⅳ | 0 |
| 2 | 硅粉＋膨胀剂 | 43.1 | 27.9 | 19.8 | 13.2 | | ＞F300 | 4.6 | 6.2 | 0.12 | 0.15 | 10.03 | 12.13 | 10 | Ⅱ | 0 |
| 3 | 硅粉＋PVA1 | | | | | 32.0 | ＞F300 | 4.8 | 8.0 | 0.11 | 0.15 | 9.93 | 12.10 | 66 | Ⅳ | 0 |
| 4 | 硅粉＋膨胀剂＋PVA1 | 36.1 | 23.2 | 15.8 | 11.9 | | ＞F300 | 6.5 | 9.3 | 0.12 | 0.16 | 11.08 | 13.63 | 0 | Ⅰ | 0 |

表 4–36 JM–PCA Ⅲ减水剂对混凝土性能的影响

| 序号 | 试验组合 | 用水量 (kg/m³) | 胶材总量 (kg/m³) | 和易性描述 | 抗压强度（MPa） | | | | 劈拉强度（MPa） | | | 极限拉伸值（×10⁻⁶） | | | | 干缩率（×10⁻⁶） | | | |
|---|---|---|---|---|---|---|---|---|---|---|---|---|---|---|---|---|---|---|---|
| | | | | | 7d | 28d | 90d | 180d | 7d | 28d | 90d | 180d | 28d | 90d | 180d | 7d | 28d | 90d | 180d |
| 1 | 硅粉混凝土 | 108 | 327.3 | 硅粉混凝土和易性好，纤维掺入后坍落度降低。掺 JM-PCA Ⅲ减水剂后，和易性下降，纤维掺入后改善 | 34.3 | 54.1 | 63.0 | 66.2 | 2.30 | 3.38 | 3.47 | 3.68 | 100 | 106 | 115 | 59 | 138 | 195 | 212 |
| 2 | 硅粉 + JM-PCA Ⅲ减水剂 | 100 | 303.0 | | 36.5 | 55.4 | 63.4 | 67.5 | 2.37 | 3.65 | 3.62 | 3.85 | 99 | 110 | 115 | 53 | 142 | 208 | 228 |
| 3 | 硅粉 +PVA1 | 108 | 327.3 | | 34.2 | 55.6 | 63.3 | 66.4 | 2.25 | 3.44 | 3.55 | 3.82 | 110 | 118 | 120 | 57 | 134 | 199 | 233 |
| 4 | 硅粉 +JM-PCA Ⅲ减水剂 +PVA1 | 106 | 321.2 | | 34.7 | 53.7 | 64.6 | 70.2 | 2.23 | 3.70 | 3.67 | 4.05 | 103 | 112 | 120 | 71 | 151 | 230 | 242 |

| 序号 | 试验组合 | 自变（×10⁻⁶） | | | | 绝热温升（℃） | 抗冻等级 | 冲击韧性（次） | | 抗冲磨强度［h/（kg/m²）］ | | | | 平板法开裂试验 | | 圆环法开裂试验 |
|---|---|---|---|---|---|---|---|---|---|---|---|---|---|---|---|---|
| | | | | | | | | | | 圆环法 | | 水下钢球法 | | 裂缝数量（根） | 抗裂性等级 | 裂缝数量（根） |
| | | 7d | 28d | 90d | 180d | 28d | 28d | 28d | 90d | 90d | 180d | 90d | 180d | | | |
| 1 | 硅粉混凝土 | -0.1 | -1.3 | -3.6 | -6.9 | 32.4 | ＞ F300 | 4.5 | 9.0 | 0.11 | 0.13 | 9.53 | 11.26 | 79 | Ⅳ | 0 |
| 2 | 硅粉 + JM-PCA Ⅲ减水剂 | -1.5 | -0.4 | -5.1 | -10.0 | 30.2 | ＞ F300 | 4.3 | 9.2 | 0.11 | 0.12 | 8.53 | 10.74 | 92 | Ⅳ | 0 |
| 3 | 硅粉 +PVA1 | | | | | 32.0 | ＞ F300 | 4.8 | 8.0 | 0.11 | 0.15 | 9.93 | 12.10 | 66 | Ⅳ | 0 |
| 4 | 硅粉 +JM-PCA Ⅲ减水剂 +PVA1 | | | | | 32.2 | ＞ F300 | 5.8 | 8.6 | 0.12 | 0.14 | 8.77 | 11.28 | 50 | Ⅱ | 0 |

**表 4-37 低热水泥对混凝土性能的影响**

| 序号 | 试验组合 | 用水量 (kg/m³) | 胶材总量 (kg/m³) | 和易性描述 | 抗压强度（MPa） | | | | 劈拉强度（MPa） | | | | 极限拉伸值（×10⁻⁶） | | | 干缩率（×10⁻⁶） | | | |
|---|---|---|---|---|---|---|---|---|---|---|---|---|---|---|---|---|---|---|---|
| | | | | | 7d | 28d | 90d | 180d | 7d | 28d | 90d | 180d | 28d | 90d | 180d | 7d | 28d | 90d | 180d |
| 1 | 硅粉混凝土 | 108 | 327.3 | 和易性较好，低热水泥混凝土流动性略低 | 34.3 | 54.1 | 63.0 | 66.2 | 2.30 | 3.38 | 3.47 | 3.68 | 100 | 106 | 115 | 59 | 138 | 195 | 212 |
| 2 | 低热＋硅粉 | | | | 23.5 | 55.2 | 64.5 | 68.5 | 1.44 | 3.37 | 3.54 | 3.86 | 101 | 111 | 117 | 70 | 155 | 220 | 239 |
| 3 | 粉煤灰混凝土 | 105 | 350.0 | 较黏稠，但不板结，缓慢坍落，低热水泥流动性略低 | 42.3 | 58.7 | 67.1 | 73.0 | 2.55 | 3.40 | 3.72 | 4.07 | 95 | 104 | 111 | 55 | 121 | 202 | 228 |
| 4 | 低热＋粉煤灰 | | | | 32.1 | 60.6 | 68.2 | 74.6 | 2.30 | 3.40 | 3.76 | 4.22 | 96 | 108 | 115 | 99 | 186 | 258 | 272 |

| 序号 | 试验组合 | 自变（×10⁻⁶） | | | | 绝热温升（℃） | 抗冻等级 | 冲击韧性（次） | | 抗冲磨强度［h/（kg/m²）］ | | | | 平板法开裂试验 | | 圆环法开裂试验 |
|---|---|---|---|---|---|---|---|---|---|---|---|---|---|---|---|---|
| | | | | | | | | | | 圆环法 | | 水下钢球法 | | 裂缝数量（根） | 抗裂性等级 | 裂缝数量（根） |
| | | 7d | 28d | 90d | 180d | 28d | 28d | 28d | 90d | 90d | 180d | 90d | 180d | | | |
| 1 | 硅粉混凝土 | −0.1 | −1.3 | −3.6 | −6.9 | 32.4 | ＞F300 | 4.5 | 9.0 | 0.11 | 0.13 | 9.53 | 11.26 | 79 | Ⅳ | 0 |
| 2 | 低热＋硅粉 | −9.0 | −12.6 | −24.3 | −33.3 | 26.4 | ＞F300 | 5.3 | 7.8 | 0.10 | 0.12 | 9.26 | 11.51 | 39 | Ⅱ | 0 |
| 3 | 粉煤灰混凝土 | 5.1 | 2.8 | −10.3 | −14.3 | 38.8 | ＞F300 | 4.3 | 7.5 | 0.12 | 0.14 | 9.81 | 11.69 | 65 | Ⅳ | 0 |
| 4 | 低热＋粉煤灰 | −7.7 | −17.5 | −31.7 | −41.0 | 33.4 | ＞F300 | 8.2 | 9.3 | 0.10 | 0.14 | 9.86 | 12.25 | 46 | Ⅲ | 0 |

### 4.14.3　减缩剂的影响

（1）掺减缩剂后，虽引气剂的掺量大幅增加，但含气量仍不满足设计要求。经 300 次冻融循环后，混凝土的相对动弹性模量下降较快，仅有 64.3% 和 64.9%，对混凝土的抗冻性不利。

（2）减缩剂的掺量较高，减缩效果明显。向家坝工程采用灰岩骨料配制的混凝土干缩较小，再掺用减缩剂混凝土的成本增加较多。

（3）掺减缩剂后，混凝土的自生体积变形由收缩变为微膨胀，对混凝土的抗裂有利。

（4）在施工过程中拌合楼需单独增加计量通道，可操作性不佳。

从综合性能分析可不掺减缩剂。

### 4.14.4　减缩减水剂的影响

掺减缩减水剂后，混凝土的强度、极限拉伸值和干缩无明显变化。混凝土的裂缝数目增加（平板法），抗冲磨强度下降，因此可不掺减缩减水剂。

### 4.14.5　膨胀剂的影响

（1）掺膨胀剂后，混凝土的干缩增加。

（2）混凝土的自生体积变形先膨胀后收缩，早期变形发展迅速，5d 左右膨胀达到最大值 $43.7\times10^{-6}$，以后逐渐收缩，到 180d 龄期时收缩了近 30 个微应变，这一快速膨胀后缓慢收缩的趋势对混凝土的体积稳定性是不利的。

（3）存在拌合楼掺加的问题。

从综合性能分析看，可不掺膨胀剂。

### 4.14.6　JM-PCA Ⅲ减水剂的影响

抗冲耐磨混凝土的用水量较低，胶凝材料用量不高。掺入 JM−PCA Ⅲ后，混凝土的用水量进一步降低，但和易性变差，坍落度损失更明显，混凝土的性能并没有明显的改善。因此，向家坝工所用抗冲磨混凝土的用水量已在较低水平，可以不选用减水率更高的 JM−PCA Ⅲ聚羧酸减水剂。

### 4.14.7 低热水泥的影响

（1）低热水泥混凝土具有早期强度较低，后期强度发展较快的特点，在 28d 后强度与中热水泥混凝土持平或略高。混凝土的设计强度是以 90d 龄期为标准，因此，低热水泥混凝土具有良好的后期性能。

（2）低热水泥混凝土的自生体积收缩变形比中热水泥混凝土大，可能由于低热水泥的 MgO 含量较低。

（3）低热水泥混凝土具有较低的水化热温升和放热速率，28d 绝热温升比中热水泥混凝土低约 6℃，有利于降低混凝土的温度应力，减少温度裂缝的产生。

（4）低热水泥可以提高混凝土塑性阶段的抗裂性能。

试验成果数据分析表明，中热水泥和低热水泥均可用于抗冲耐磨混凝土配制。由于水泥的组成存在差别，两种水泥配制的混凝土在性能上存在着一定的差异。低热水泥在力学性能、热学性能和抗裂性方面具有一定的优势，缺点是干缩和自生体积收缩变形较大，其他性能两者相差不大。

### 4.14.8 原材料选用方案

经过以上全面性能试验，推荐向家坝水电站工程抗冲耐磨混凝土材料组合方案为：中热水泥 + 硅粉 +PVA1 纤维或低热水泥 + 硅粉 +PVA1 纤维。

# 第5章 硅粉品种对混凝土性能影响研究

试验选用四个品种的硅粉，比较不同硅粉对混凝土性能的影响。混凝土配合比见表5-1。从混凝土拌合物性能看，四种硅粉配制的混凝土的和易性均较好，达到相同工作性时，有两种硅粉混凝土的减水剂掺量略高。

**表5-1　混凝土配合比**

| 序号 | 硅粉品种 | 水胶比 | 砂率（%） | 粉煤灰（%） | 硅粉（%） | 材料用量（kg/m³） | | | | | | JM-PCA（%） | ZB-1G（×1/10⁴） | 坍落度（cm） | 含气量（%） |
|---|---|---|---|---|---|---|---|---|---|---|---|---|---|---|---|
| | | | | | | 水 | 水泥 | 粉煤灰 | 硅粉 | 砂 | 石 | | | | |
| 1 | A | 0.33 | 32 | 30 | 5 | 108.0 | 212.7 | 98.2 | 16.4 | 634.3 | 1354.4 | 0.60 | 0.6 | 5.4 | 3.4 |
| 2 | B | | | | | | | | | | | 0.60 | 0.7 | 5.3 | 3.4 |
| 3 | C | | | | | | | | | | | 0.65 | 0.6 | 5.2 | 3.5 |
| 4 | D | | | | | | | | | | | 0.65 | 0.7 | 5.6 | 3.0 |

## 5.1 混凝土强度

混凝土抗压强度、劈拉强度试验结果分别见表5-2和表5-3，图5-1和图5-2，试验结果表明：4种硅粉配制的混凝土各龄期的抗压强度与劈拉强度相差不大。

**表5-2　硅粉混凝土抗压强度试验结果**

| 序号 | 硅粉品种 | 水胶比 | 粉煤灰（%） | 硅粉（%） | 抗压强度（MPa） | | | | 抗压强度比（%） | | | |
|---|---|---|---|---|---|---|---|---|---|---|---|---|
| | | | | | 7d | 28d | 90d | 180d | 7d | 28d | 90d | 180d |
| 1 | A | 0.33 | 30 | 5 | 34.3 | 54.1 | 63.0 | 66.2 | 100 | 100 | 100 | 100 |

续表

| 序号 | 硅粉品种 | 水胶比 | 粉煤灰（%） | 硅粉（%） | 抗压强度（MPa） | | | | 抗压强度比（%） | | | |
|---|---|---|---|---|---|---|---|---|---|---|---|---|
| | | | | | 7d | 28d | 90d | 180d | 7d | 28d | 90d | 180d |
| 2 | B | 0.33 | 30 | 5 | 35.4 | 55.8 | 60.6 | 65.7 | 103.2 | 103.1 | 96.2 | 99.2 |
| 3 | C | 0.33 | 30 | 5 | 33.5 | 55.5 | 61.1 | 65.8 | 97.7 | 102.6 | 97.0 | 99.4 |
| 4 | D | 0.33 | 30 | 5 | 35.6 | 54.6 | 60.1 | 65.3 | 103.8 | 100.9 | 95.4 | 98.6 |

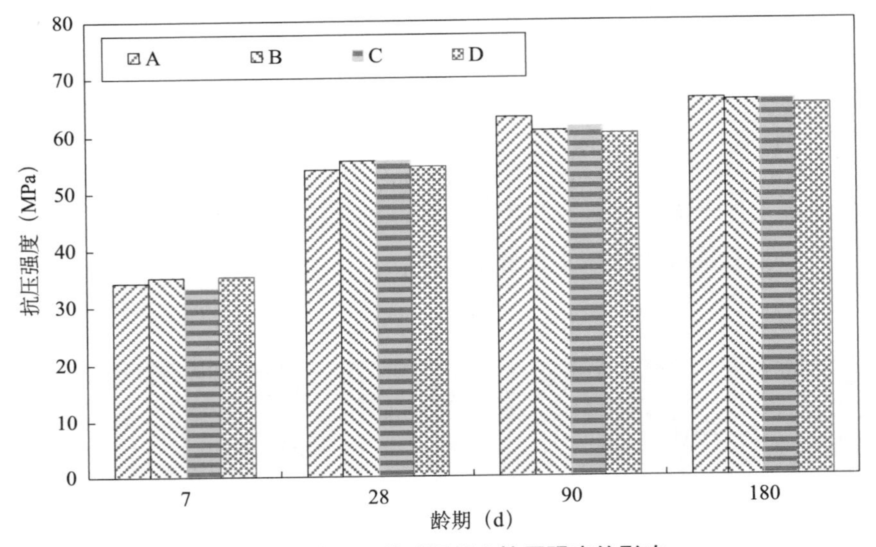


图 5-1　硅粉品种对混凝土抗压强度的影响

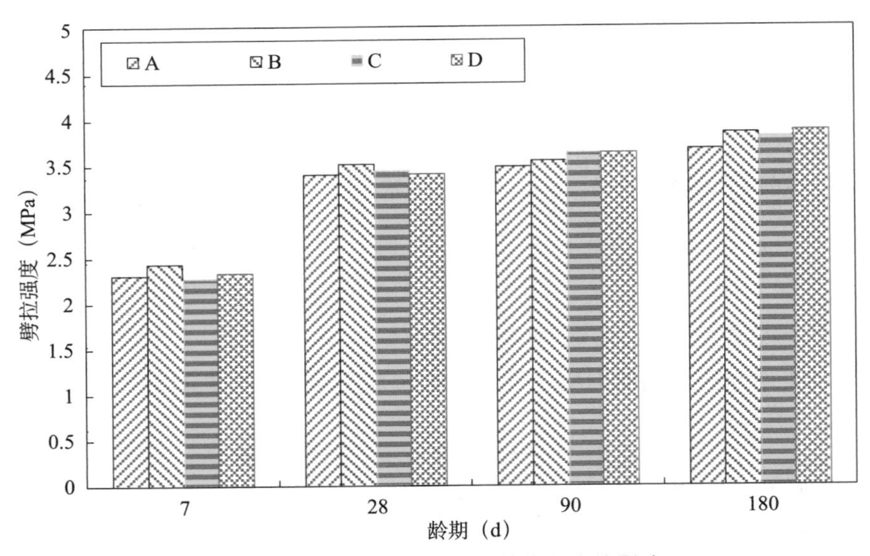


图 5-2　硅粉品种对混凝土劈拉强度的影响

表 5-3　硅粉混凝土劈拉强度试验结果

| 序号 | 硅粉品种 | 水胶比 | 粉煤灰（%） | 硅粉（%） | 劈拉强度（MPa） | | | | 劈拉强度比（%） | | | |
|---|---|---|---|---|---|---|---|---|---|---|---|---|
| | | | | | 7d | 28d | 90d | 180d | 7d | 28d | 90d | 180d |
| 1 | A | 0.33 | 30 | 5 | 2.30 | 3.38 | 3.47 | 3.68 | 100 | 100 | 100 | 100 |
| 2 | B | 0.33 | 30 | 5 | 2.41 | 3.49 | 3.54 | 3.82 | 104.8 | 103.3 | 102.0 | 103.8 |
| 3 | C | 0.33 | 30 | 5 | 2.26 | 3.44 | 3.61 | 3.81 | 98.3 | 101.8 | 100.9 | 103.5 |
| 4 | D | 0.33 | 30 | 5 | 2.31 | 3.40 | 3.62 | 3.86 | 100.4 | 100.6 | 103.5 | 104.9 |

## 5.2 混凝土干缩

混凝土干缩试验结果见表 5-4，干缩率与养护龄期的关系曲线见图 5-3。从试验结果看，采用 A 硅粉的混凝土干缩值最小，B 干缩值最大，C 和 D 二者的干缩值居中。

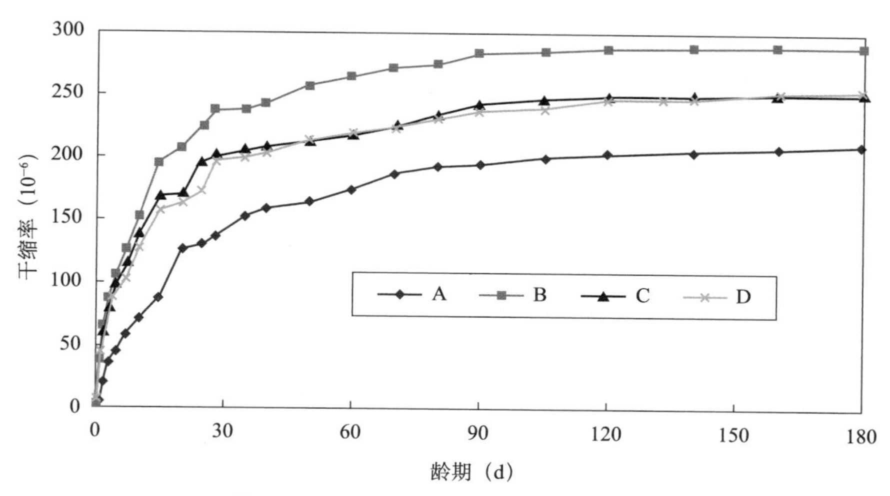


图 5-3　混凝土的干缩率随龄期变化曲线

表 5-4　混凝土干缩试验结果

| 序号 | 硅粉品种 | 干缩率（$\times10^{-6}$） | | | | | | | | | | |
|---|---|---|---|---|---|---|---|---|---|---|---|---|
| | | 1d | 2d | 3d | 5d | 7d | 10d | 15d | 20d | 25d | 28d | 35d |
| 1 | A | 10 | 21 | 36 | 45 | 59 | 72 | 88 | 127 | 129 | 138 | 154 |
| 2 | B | 38 | 65 | 86 | 106 | 126 | 153 | 196 | 207 | 226 | 238 | 239 |
| 3 | C | 38 | 61 | 80 | 98 | 116 | 140 | 169 | 171 | 195 | 202 | 206 |
| 4 | D | 43 | 63 | 81 | 95 | 105 | 130 | 159 | 164 | 174 | 197 | 200 |

续表

| 序号 | 硅粉品种 | 干缩率（×10$^{-6}$） | | | | | | | | | | |
|---|---|---|---|---|---|---|---|---|---|---|---|---|
| | | 40d | 50d | 60d | 70d | 80d | 90d | 105d | 120d | 140d | 160d | 180d |
| 1 | A | 160 | 164 | 175 | 188 | 194 | 195 | 201 | 204 | 206 | 209 | 212 |
| 2 | B | 244 | 258 | 266 | 273 | 277 | 286 | 288 | 289 | 290 | 291 | 291 |
| 3 | C | 207 | 214 | 220 | 226 | 232 | 238 | 241 | 247 | 250 | 254 | 255 |
| 4 | D | 202 | 213 | 221 | 227 | 235 | 244 | 247 | 250 | 251 | 252 | 254 |

## 5.3 混凝土抗裂性试验——平板法

平板法抗裂试验结果见表 5-5。从试验结果看，4 种硅粉配制的混凝土的抗裂性能相近。

表 5-5　混凝土抗裂性能试验结果

| 硅粉厂家 | 开裂时间（h：min） | 裂缝数量（条） | 裂缝宽度（mm） | 裂缝平均开裂面积（mm$^2$/条） | 单位面积的开裂裂缝数目（条/m$^2$） | 单位面积上的总裂开面积（mm$^2$/m$^2$） | 抗裂性等级 |
|---|---|---|---|---|---|---|---|
| A | 3：00 | 79 | 0.01~0.44 | 1.61 | 219 | 354 | Ⅳ |
| B | 3：15 | 71 | 0.01~0.38 | 1.45 | 197 | 302 | Ⅳ |
| C | 3：40 | 86 | 0.01~0.25 | 1.78 | 239 | 371 | Ⅳ |
| D | 4：06 | 64 | 0.01~0.02 | 1.26 | 178 | 276 | Ⅳ |

## 5.4 小结

试验选用 4 个品种的硅粉，比较不同硅粉对混凝土性能的影响。从试验结果看，4 种硅粉整体性能差别不大。在混凝土和易性、强度和抗裂性方面，4 种硅粉的差别较小。在混凝土干缩性能方面，以 A 硅粉最小，B 最大，C 和 D 二者居中。

# 第6章 粉煤灰掺量及抗冲磨剂对混凝土性能的影响研究

试验选用10%、20%、30%和40%四种粉煤灰掺量，在同强度等级、同胶凝材料用量的情况下，比较不同粉煤灰掺量及抗冲耐磨剂对混凝土性能的影响。以10%粉煤灰掺量为基准，通过试验确定基准混凝土的用水量为107kg/m$^3$，胶凝材料总量为305.7kg/m$^3$。粉煤灰掺量及抗冲磨剂增加后，通过调整减水剂和引气剂的掺量，使混凝土的坍落度、含气量和胶凝材料总量保持一致。混凝土配合比见表6–1。

从表6–1及室内试验情况可知：

（1）随着粉煤灰掺量的增加，引气剂掺量逐渐增加，这是因为粉煤灰对引气剂有较强的物理吸附作用。

（2）在保证胶凝材料用量相同的情况下，随着粉煤灰掺量的增加，混凝土的水胶比降低，用水量降低，和易性逐渐变差。当粉煤灰掺量为40%时，混凝土的用水量仅92kg/m$^3$，拌合物十分黏稠，成型较为困难。

（3）掺抗冲磨剂后，减水剂的掺量增加。

## 6.1 混凝土强度

为比较不同粉煤灰掺量及抗冲耐磨剂对混凝土性能的影响，混凝土强度选用10%、20%、30%和40%粉煤灰掺量，在同强度等级、同胶凝材料用量的情况下，进行混凝土强度试验，试验结果分别见表6–2和表6–3，数据分析见图6–1和图6–2。

表 6-1　不同粉煤灰掺量和掺抗冲磨剂对混凝土性能影响试验配合比

| 编号 | 水胶比 | 砂率（%） | 粉煤灰（%） | HTC-4（%） | 胶材总量（$kg/m^3$） | 材料用量（$kg/m^3$） | | | | | JM-PCA（%） | ZB-1G（$1/10^4$） | 坍落度（cm） | 含气量（%） |
|---|---|---|---|---|---|---|---|---|---|---|---|---|---|---|
| | | | | | | 水 | 水泥 | 粉煤灰 | 砂 | 石 | | | | |
| FA-10 | 0.35 | 32 | 10 | 0 | 305.7 | 107.0 | 275.1 | 30.6 | 648.5 | 1384.7 | 0.60 | 0.8 | 6.5 | 3.8 |
| FA-20 | 0.34 | 32 | 20 | 0 | 305.9 | 104.0 | 244.7 | 61.2 | 648.4 | 1384.7 | 0.60 | 1.2 | 6.2 | 3.4 |
| FA-30 | 0.33 | 32 | 30 | 0 | 306.1 | 101.0 | 214.2 | 91.8 | 648.4 | 1384.6 | 0.60 | 2.5 | 6.8 | 3.2 |
| FA-40 | 0.30 | 31 | 40 | 0 | 306.7 | 92.0 | 184.0 | 122.7 | 633.0 | 1415.8 | 0.75 | 4.0 | 6.1 | 3.0 |
| HTC-30 | 0.33 | 32 | 30 | 0.7 | 306.1 | 101.0 | 214.2 | 91.8 | 648.4 | 1384.6 | 0.70 | 3.5 | 6.2 | 3.0 |
| HTC-40 | 0.30 | 31 | 40 | 0.7 | 306.7 | 92.0 | 184.0 | 122.7 | 633.0 | 1415.8 | 0.80 | 4.0 | 7.2 | 2.6 |

表 6-2　混凝土抗压强度试验结果

| 编号 | 水胶比 | 粉煤灰（%） | HTC-4（%） | 抗压强度（MPa） | | | | 抗压强度比（%） | | | |
|---|---|---|---|---|---|---|---|---|---|---|---|
| | | | | 7d | 28d | 90d | 180d | 7d | 28d | 90d | 180d |
| FA-10 | 0.35 | 10 | 0 | 42.6 | 57.6 | 65.7 | 70.4 | 100 | 100 | 100 | 100 |
| FA-20 | 0.34 | 20 | 0 | 44.0 | 60.2 | 63.5 | 68.7 | 103.3 | 104.5 | 96.7 | 97.6 |
| FA-30 | 0.33 | 30 | 0 | 38.9 | 54.6 | 65.4 | 71.4 | 91.3 | 94.8 | 99.5 | 101.4 |
| FA-40 | 0.30 | 40 | 0 | 35.7 | 56.5 | 66.1 | 72.3 | 83.8 | 98.1 | 100.6 | 102.7 |
| HTC-30 | 0.33 | 30 | 0.7 | 38.7 | 55.9 | 64.8 | 72.3 | 90.8 | 97.0 | 98.6 | 102.7 |
| HTC-40 | 0.30 | 40 | 0.7 | 34.5 | 57.0 | 68.4 | 72.2 | 81.0 | 99.0 | 104.1 | 102.6 |

表 6-3　混凝土劈拉强度试验结果

| 编号 | 水胶比 | 粉煤灰（%） | HTC-4（%） | 劈拉强度（MPa） | | | | 劈拉强度比（%） | | | |
|---|---|---|---|---|---|---|---|---|---|---|---|
| | | | | 7d | 28d | 90d | 180d | 7d | 28d | 90d | 180d |
| FA-10 | 0.35 | 10 | 0 | 2.43 | 3.33 | 3.88 | 4.43 | 100 | 100 | 100 | 100 |
| FA-20 | 0.34 | 20 | 0 | 2.31 | 3.22 | 3.84 | 4.25 | 95.1 | 96.7 | 99.0 | 95.9 |
| FA-30 | 0.33 | 30 | 0 | 2.01 | 3.25 | 3.63 | 4.24 | 82.7 | 97.6 | 93.6 | 93.0 |
| FA-40 | 0.30 | 40 | 0 | 2.06 | 3.18 | 3.52 | 4.11 | 84.8 | 95.5 | 90.7 | 92.8 |
| HTC-30 | 0.33 | 30 | 0.7 | 2.57 | 3.47 | 3.72 | 4.21 | 105.8 | 104.2 | 95.9 | 95.0 |
| HTC-40 | 0.30 | 40 | 0.7 | 2.22 | 3.44 | 3.68 | 4.24 | 91.4 | 103.3 | 94.8 | 95.7 |

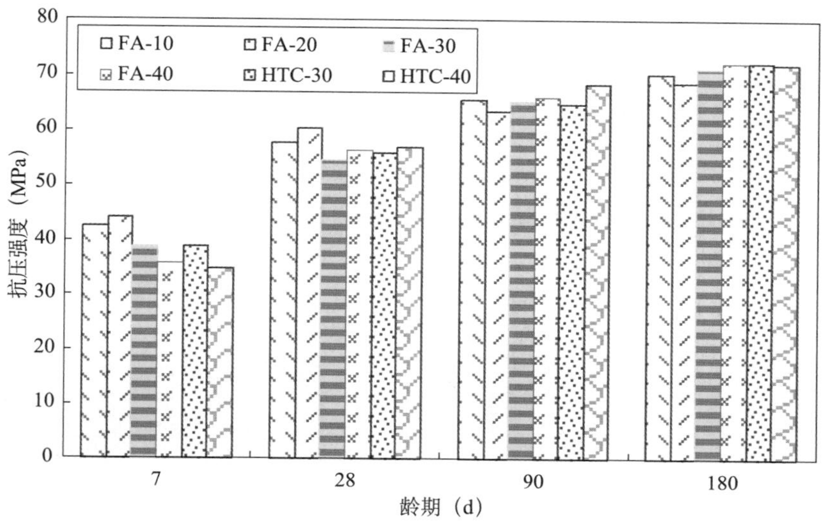


图 6-1　混凝土抗压强度试验结果

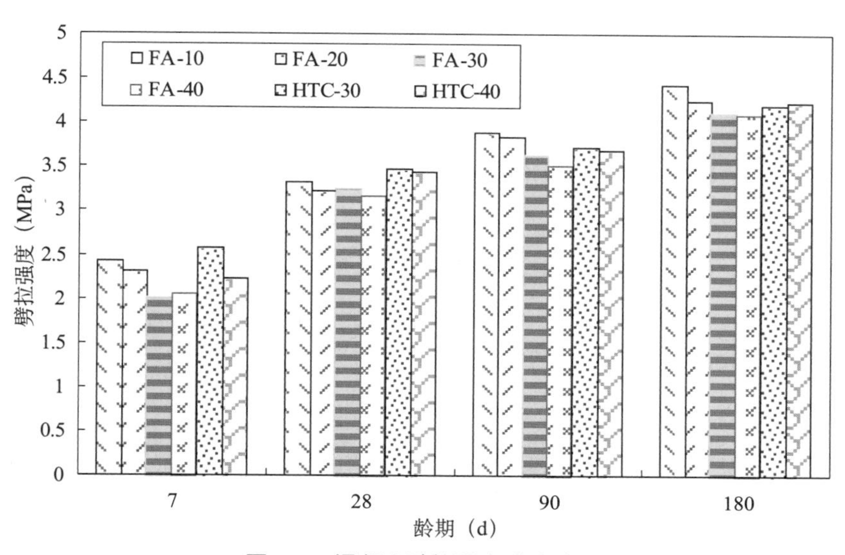


图 6-2　混凝土劈拉强度试验结果

4种粉煤灰掺量，在同强度等级、同胶凝材料用量混凝土强度检测试验结果表明：

（1）7d时，掺10%和20%粉煤灰混凝土的抗压强度较高，掺40%粉煤灰混凝土的抗压强度最低；28d时掺20%粉煤灰混凝土的抗压强度最高。随着龄期增长，到90d和180d时，不同粉煤灰掺量混凝土的抗压强度接近。

（2）粉煤灰掺量越高，劈拉强度有降低趋势。

（3）掺抗冲磨剂后，不同龄期混凝土的抗压强度变化不大，劈拉强度略有增加。

## 6.2 混凝土极限拉伸

4种粉煤灰掺量，在同强度等级、同胶凝材料用量混凝土极限拉伸试验结果见表6–4。

表6–4 混凝土极限拉伸试验结果

| 编号 | 水胶比 | 粉煤灰（%） | HTC-4（%） | 极限拉伸值（$\times10^{-6}$） | | | 极限拉伸比（%） | | |
|---|---|---|---|---|---|---|---|---|---|
| | | | | 28d | 90d | 180d | 28d | 90d | 180d |
| FA-30 | 0.33 | 30 | 0 | 83 | 106 | 108 | 100 | 100 | 100 |
| HTC-30 | 0.33 | 30 | 0.7 | 90 | 105 | 110 | 108.4 | 99.1 | 101.9 |
| HTC-40 | 0.30 | 40 | 0.7 | 89 | 99 | 104 | 107.2 | 93.4 | 96.3 |

试验结果表明：掺抗冲磨剂混凝土28d极限拉伸值提高，但90d和180d的极限拉伸值变化不大。

## 6.3 混凝土干缩

4种粉煤灰掺量，在同强度等级、同胶凝材料用量混凝土干缩试验结果见表6–5，干缩率与养护龄期的关系曲线见图6–3。

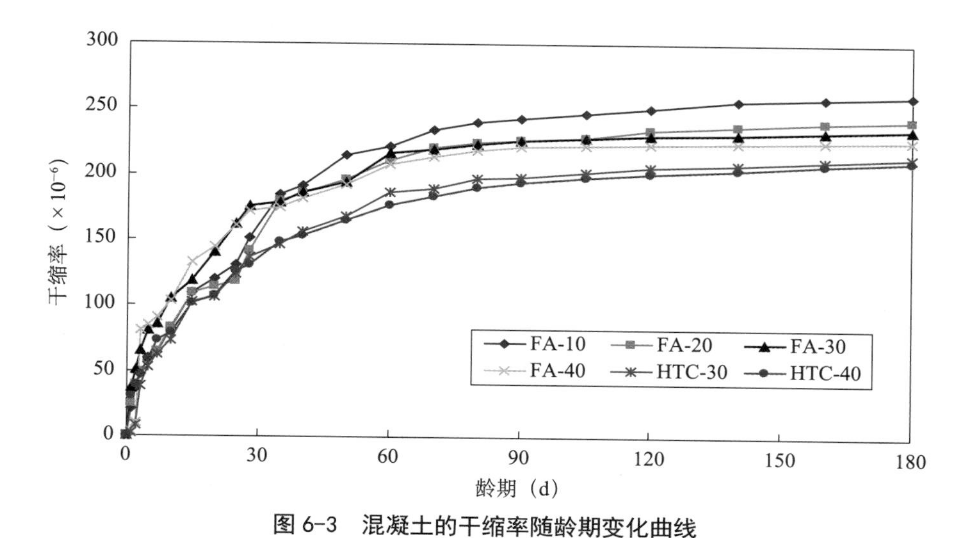


图 6-3　混凝土的干缩率随龄期变化曲线

## 6.4 混凝土抗冲击韧性

4 种粉煤灰掺量，在同强度等级、同胶凝材料用量混凝土抗冲击韧性试验结果见表 6–6。

## 6.5 混凝土抗冲磨试验——圆环法

4 种粉煤灰掺量，在同强度等级、同胶凝材料用量混凝土抗冲磨试验结果见表 6–7。

试验结果和数据分析表明，4 种粉煤灰掺量，在同强度等级、同胶凝材料用量混凝土干缩在早期变化较大，随着龄期的增长趋于平缓，90d 以后干缩逐渐趋于稳定。随着粉煤灰掺量的增加，混凝土的干缩逐渐减小。掺抗冲磨剂后，混凝土的干缩略有降低。

试验结果数据表明，混凝土试件破坏时的冲击次数较少，掺抗冲磨剂对混凝土的冲击韧性影响不大。

表 6-5　不同粉煤灰掺量及掺抗冲磨剂混凝土的干缩试验结果

| 编号 | 干缩率（$\times 10^{-6}$） | | | | | | | | | | | | | | | | | | | | | |
|---|---|---|---|---|---|---|---|---|---|---|---|---|---|---|---|---|---|---|---|---|---|---|
| | 1d | 2d | 3d | 5d | 7d | 10d | 15d | 20d | 25d | 28d | 35d | 40d | 50d | 60d | 70d | 80d | 90d | 105d | 120d | 140d | 160d | 180d |
| FA-10 | 20 | 36 | 47 | 59 | 63 | 82 | 109 | 120 | 131 | 151 | 184 | 191 | 214 | 221 | 234 | 240 | 243 | 246 | 250 | 256 | 258 | 260 |
| FA-20 | 24 | 39 | 49 | 57 | 64 | 83 | 109 | 114 | 118 | 141 | 179 | 185 | 196 | 210 | 220 | 224 | 226 | 228 | 234 | 237 | 240 | 242 |
| FA-30 | 37 | 51 | 65 | 81 | 86 | 105 | 119 | 140 | 162 | 175 | 178 | 186 | 194 | 224 | 219 | 223 | 226 | 228 | 230 | 231 | 233 | 235 |
| FA-40 | 3 | 10 | 81 | 85 | 91 | 103 | 132 | 144 | 161 | 171 | 174 | 181 | 192 | 207 | 213 | 218 | 221 | 222 | 223 | 224 | 225 | 226 |
| HTC-30 | 2 | 8 | 41 | 53 | 62 | 73 | 102 | 106 | 124 | 136 | 146 | 156 | 168 | 186 | 189 | 197 | 198 | 202 | 206 | 207 | 210 | 213 |
| HTC-40 | 30 | 39 | 47 | 58 | 73 | 79 | 101 | 107 | 126 | 131 | 148 | 153 | 165 | 176 | 183 | 190 | 194 | 198 | 201 | 204 | 207 | 210 |

表 6-6　混凝土抗冲击韧性试验结果

| 编号 | 28d 试验结果 | | 90d 试验结果 | |
|---|---|---|---|---|
| | 破坏时冲击次数 | 冲击能量（N·m） | 破坏时冲击次数 | 冲击能量（N·m） |
| FA-30 | 4.5 | 39.7 | 6.0 | 53.0 |
| HTC-30 | 5.0 | 44.1 | 5.8 | 51.5 |
| HTC-40 | 5.8 | 51.5 | 10.8 | 95.6 |

表 6-7 混凝土抗冲磨试验结果

| 编号 | 90d 试验结果 | | | 180d 试验结果 | | |
|---|---|---|---|---|---|---|
| | 抗压强度（MPa） | 平均累计冲磨量（g） | 抗冲磨强度［h/（kg/m²）］ | 抗压强度（MPa） | 平均累计冲磨量（g） | 抗冲磨强度［h/（kg/m²）］ |
| FA-10 | 65.7 | 943.8 | 0.10 | 70.4 | 810.5 | 0.12 |
| FA-20 | 63.5 | 940.5 | 0.10 | 68.7 | 821.3 | 0.11 |
| FA-30 | 65.4 | 970.3 | 0.10 | 71.4 | 888.5 | 0.11 |
| FA-40 | 66.1 | 1070.3 | 0.09 | 72.3 | 941.5 | 0.10 |
| HTC-30 | 64.8 | 893.3 | 0.11 | 72.3 | 857.5 | 0.11 |
| HTC-40 | 68.4 | 908.5 | 0.10 | 72.2 | 769.0 | 0.12 |

试验数据结果表明：

（1）粉煤灰掺量在 10%~30% 范围内，混凝土的平均累计磨损量和抗冲磨强度变化不大。粉煤灰掺量 40% 时，抗冲磨强度最低。

（2）掺抗冲磨剂，混凝土的 90d 抗冲磨强度提高，到 180d 抗冲磨强度提高不明显。

## 6.6 混凝土抗裂性试验——平板法

4 种粉煤灰掺量，在同强度等级、同胶凝材料用量混凝土抗裂性试验结果见表 6-8。

表 6-8 混凝土抗裂性能试验结果

| 编号 | 开裂时间（h：min） | 裂缝数量（条） | 裂缝宽度（mm） | 裂缝平均开裂面积（mm²/条） | 单位面积的开裂裂缝数目（条/m²） | 单位面积上的总裂开面积（mm²/m²） | 抗裂性等级 |
|---|---|---|---|---|---|---|---|
| FA-10 | 3：35 | 62 | 0.01~0.05 | 0.57 | 172 | 97 | Ⅲ |
| FA-20 | 3：25 | 53 | 0.01~0.16 | 2.15 | 147 | 316 | Ⅳ |
| FA-30 | 5：45 | 76 | 0.01~0.04 | 0.52 | 211 | 111 | Ⅳ |
| FA-40 | 4：05 | 52 | 0.01~0.06 | 0.62 | 144 | 89 | Ⅲ |
| HTC-30 | 4：15 | 43 | 0.01~0.26 | 2.10 | 119 | 250 | Ⅳ |
| HTC-40 | 4：30 | 51 | 0.01~0.28 | 2.68 | 142 | 379 | Ⅳ |

试验结果数据表明，不同粉煤灰掺量情况下，混凝土的抗裂性没有明显的规律。掺抗冲磨剂后，混凝土的裂缝数量减少，但裂缝宽度增加，单位面积上的总开裂面积增加，对混凝土的抗裂性不利。

## 6.7 小结

试验选用10%、20%、30%和40%粉煤灰掺量，比较了不同粉煤灰掺量及抗冲磨剂对混凝土性能的影响。混凝土性能试验结果汇总于表6-9。从试验结果看：

（1）在保证胶凝材料用量相同的情况下，随着粉煤灰掺量的增加，混凝土的水胶比减小，用水量降低，和易性变差，这给性能比对带来一定影响。

（2）不同粉煤灰掺量混凝土的早期强度随掺量增加略有降低，到90d和180d时抗压强度相近，劈拉强度则随粉煤灰掺量的增加略有降低。

（3）随着粉煤灰掺量的增加，混凝土的干缩逐渐减小。

（4）粉煤灰掺量从30%增加到40%，混凝土90d龄期后的极限拉伸值降低。

（5）粉煤灰掺量在10%~30%范围内，混凝土的抗冲磨强度变化不大。粉煤灰掺量达到40%时，抗冲磨强度降低。

从以上情况分析，粉煤灰掺量不超过30%对混凝土的整体性能有利。

掺抗冲磨剂后，混凝土的抗压强度变化不明显，但劈拉强度增加，干缩降低，90d抗冲磨强度有所提高，180d提高不明显。掺抗冲磨剂后混凝土的裂缝数量减少，但裂缝宽度增加，开裂总面积增加。综合上述性能，需要进一步分析抗冲磨剂掺量对混凝土性能的影响，并综合考虑如何准确计量和解决拌合楼的混凝土原料掺加方式的问题。

表 6–9　粉煤灰掺量及抗冲磨剂对混凝土性能的影响

| 序号 | 试验组合 | 用水量 (kg/m$^3$) | 胶材总量 (kg/m$^3$) | 和易性描述 | 抗压强度（MPa） | | | | 劈拉强度（MPa） | | | | 极限拉伸值（×10$^{-6}$） | | |
|---|---|---|---|---|---|---|---|---|---|---|---|---|---|---|---|
| | | | | | 7d | 28d | 90d | 180d | 7d | 28d | 90d | 180d | 28d | 90d | 180d |
| 1 | 中热 +10% 粉煤灰 | 107.0 | 305.7 | 较好 | 42.6 | 57.6 | 65.7 | 70.4 | 2.43 | 3.33 | 3.88 | 4.43 | | | |
| 2 | 中热 +20% 粉煤灰 | 104.0 | 305.9 | | 44.0 | 60.2 | 63.5 | 68.7 | 2.31 | 3.22 | 3.84 | 4.25 | | | |
| 3 | 中热 +30% 粉煤灰 | 101.0 | 306.1 | 较黏稠 | 38.9 | 54.6 | 65.4 | 71.4 | 2.01 | 3.25 | 3.63 | 4.12 | 83 | 106 | 108 |
| 4 | 中热 +40% 粉煤灰 | 92.0 | 306.7 | 和易性差，特别黏稠 | 35.7 | 56.5 | 66.1 | 72.3 | 2.06 | 3.18 | 3.52 | 4.11 | | | |
| 5 | 中热 +30% 粉煤灰 +HTC-4 | 101.0 | 306.1 | 较黏稠 | 38.7 | 55.9 | 64.8 | 72.3 | 2.57 | 3.47 | 3.72 | 4.21 | 90 | 105 | 110 |
| 6 | 中热 +40% 粉煤灰 +HTC-4 | 92.0 | 306.7 | 和易性差，特别黏稠 | 34.5 | 57.0 | 68.4 | 72.2 | 2.22 | 3.44 | 3.68 | 4.24 | 89 | 99 | 104 |

| 序号 | 试验组合 | 干缩（×10$^{-6}$） | | | | 冲击韧性（次） | | 圆环法抗冲磨强度［h/（kg/m$^2$）］ | | 平板法开裂试验 | | 圆环法开裂试验 |
|---|---|---|---|---|---|---|---|---|---|---|---|---|
| | | 7d | 28d | 90d | 180d | 28d | 90d | 90d | 180d | 裂缝数量（条） | 抗裂性等级 | 裂缝数量（条） |
| 1 | 中热 +10% 粉煤灰 | 63 | 151 | 243 | 260 | | | 0.10 | 0.12 | 62 | Ⅲ | 0 |
| 2 | 中热 +20% 粉煤灰 | 64 | 141 | 226 | 242 | | | 0.10 | 0.11 | 53 | Ⅳ | 0 |
| 3 | 中热 +30% 粉煤灰 | 86 | 175 | 226 | 235 | 4.5 | 6.0 | 0.10 | 0.11 | 76 | Ⅳ | 0 |
| 4 | 中热 +40% 粉煤灰 | 91 | 171 | 221 | 226 | | | 0.09 | 0.10 | 52 | Ⅲ | 0 |
| 5 | 中热 +30% 粉煤灰 +HTC-4 | 62 | 136 | 198 | 213 | 5.0 | 5.8 | 0.11 | 0.11 | 43 | Ⅳ | 0 |
| 6 | 中热 +40% 粉煤灰 +HTC-4 | 73 | 131 | 194 | 210 | 5.8 | 10.8 | 0.10 | 0.12 | 51 | Ⅳ | 0 |

# 第7章 泵送混凝土性能试验

为减少因水化热造成混凝土表面开裂，试验选用中热和低热两种水泥。为提高混凝土和易性，保证现场混凝土浇筑入仓施工顺畅，泵送混凝土的坍落度控制在14~16cm，含气量控制在3.0%~4.0%，骨料级配中石：小石为50：50，砂率41%。经过试拌，确定中热水泥泵送混凝土的配合比。在此基础上，把水泥品种换为低热水泥，通过调整减水剂和引气剂的掺量，使两种水泥配制的混凝土的坍落度、含气量和胶凝材料总量保持一致。试验拟通过中热水泥和低热水泥的6种不同组合泵送混凝土配合比，比较不同组合混凝土性能差异。

（1）中热水泥+30%粉煤灰+5%硅粉；

（2）中热水泥+30%粉煤灰+5%硅粉+PVA1纤维；

（3）中热水泥+25%粉煤灰；

（4）低热水泥+30%粉煤灰+5%硅粉；

（5）低热水泥+30%粉煤灰＋5%硅粉＋PVA1纤维；

（6）低热水泥+25%粉煤灰。

6种混凝土配合比组合见表7-1和表7-2。

中热水泥和低热水泥的6种不同组合配合比泵送混凝土室内拌制试验，试验结果表明：

（1）两种水泥配制的泵送混凝土的和易性良好。在用水量不变的条件下，达到相同工作性时，低热水泥的减水剂掺量较高，纤维掺入后减水剂的掺量也增加。

（2）与硅粉混凝土相比，粉煤灰混凝土较为黏稠，引气剂掺量高。

表 7-1 泵送混凝土配合比（中热水泥）

| 试验组合 | 水胶比 | 砂率（%） | 粉煤灰（%） | 硅粉（%） | 胶材总量（$kg/m^3$） | 材料用量（$kg/m^3$） | | | | | | | JM-PCA（%） | ZB-1G（$1/10^4$） | 坍落度（cm） | 含气量（%） |
|---|---|---|---|---|---|---|---|---|---|---|---|---|---|---|---|---|
| | | | | | | 水 | 水泥 | 粉煤灰 | 硅粉 | 纤维 | 砂 | 石 | | | | |
| 中热 + 硅粉 | 0.33 | 41 | 30 | 5 | 363.6 | 120.0 | 236.4 | 109.1 | 18.2 | 0 | 785.7 | 1136.2 | 0.60 | 0.4 | 14.8 | 3.6 |
| 中热 + 硅粉 +PVA1 | 0.33 | 41 | 30 | 5 | 363.6 | 120.0 | 236.4 | 109.1 | 18.2 | 0.9 | 785.7 | 1136.2 | 0.80 | 0.4 | 15.6 | 3.8 |
| 中热 + 粉煤灰 | 0.30 | 41 | 25 | 0 | 390.0 | 117.0 | 292.5 | 97.5 | 0 | 0 | 784.1 | 1133.9 | 0.60 | 1.5 | 15.1 | 3.1 |

表 7-2 泵送混凝土配合比（低热水泥）

| 试验组合 | 水胶比 | 砂率（%） | 粉煤灰（%） | 硅粉（%） | 胶材总量（$kg/m^3$） | 材料用量（$kg/m^3$） | | | | | | | JM-PCA（%） | ZB-1G（$1/10^4$） | 坍落度（cm） | 含气量（%） |
|---|---|---|---|---|---|---|---|---|---|---|---|---|---|---|---|---|
| | | | | | | 水 | 水泥 | 粉煤灰 | 硅粉 | 纤维 | 砂 | 石 | | | | |
| 低热 + 硅粉 | 0.33 | 41 | 30 | 5 | 363.6 | 120.0 | 236.4 | 109.1 | 18.2 | 0 | 785.7 | 1136.2 | 0.90 | 0.4 | 15.4 | 3.7 |
| 低热 + 硅粉 +PVA1 | 0.33 | 41 | 30 | 5 | 363.6 | 120.0 | 236.4 | 109.1 | 18.2 | 0.9 | 785.7 | 1136.2 | 1.20 | 0.3 | 15.8 | 4.0 |
| 低热 + 粉煤灰 | 0.30 | 41 | 25 | 0 | 390.0 | 117.0 | 292.5 | 97.5 | 0 | 0 | 784.1 | 1133.9 | 1.05 | 0.7 | 15.1 | 3.1 |

## 7.1 混凝土的坍落度和含气量损失

中热水泥和低热水泥的6种不同组合配合比泵送混凝土的坍落度损失试验结果见表7–3和图7–1，混凝土的含气量损失试验结果分别见表7–4及图7–2。

表7–3　混凝土的坍落度损失试验结果

| 试验组合 | 水胶比 | 粉煤灰（%） | 硅粉（%） | 坍落度（cm） | | | 坍落度损失率（%） | | |
|---|---|---|---|---|---|---|---|---|---|
| | | | | 0min | 30min | 60min | 0min | 30min | 60min |
| 中热＋硅粉 | 0.33 | 30 | 5 | 16.4 | 9.5 | 5.7 | 0 | 42.1 | 65.2 |
| 中热＋硅粉＋PVA1 | 0.33 | 30 | 5 | 15.6 | 10.1 | 6.4 | 0 | 35.3 | 59.0 |
| 中热＋粉煤灰 | 0.30 | 25 | 0 | 16.4 | 12.0 | 8.1 | 0 | 26.8 | 50.6 |
| 低热＋硅粉 | 0.33 | 30 | 5 | 16.5 | 15.0 | 12.9 | 0 | 9.1 | 21.8 |
| 低热＋硅粉＋PVA1 | 0.33 | 30 | 5 | 12.8 | 14.0 | 11.1 | 0 | 11.4 | 29.7 |
| 低热＋粉煤灰 | 0.30 | 25 | 0 | 16.8 | 15.8 | 10.2 | 0 | 6.0 | 39.3 |

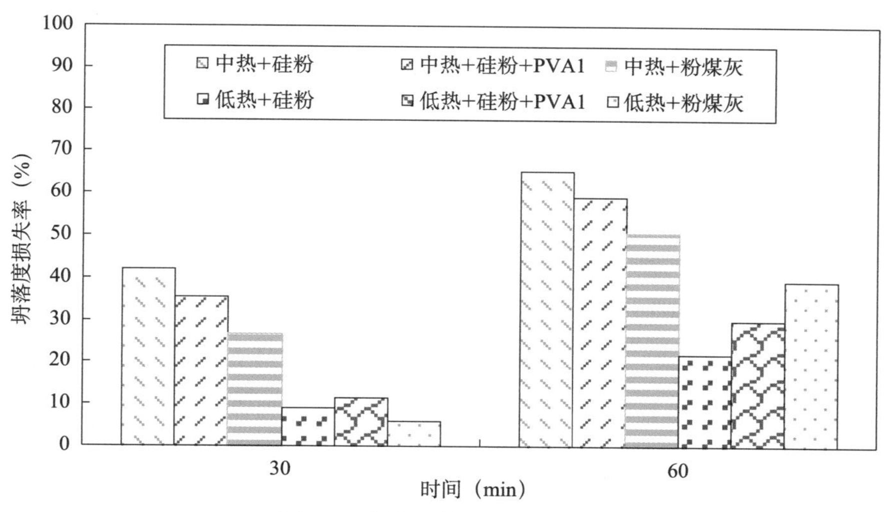


图7–1　混凝土的坍落度损失率

表7–4　混凝土的含气量损失试验结果

| 试验组合 | 水胶比 | 粉煤灰（%） | 硅粉（%） | 含气量（%） | | | 含气量损失率（%） | | |
|---|---|---|---|---|---|---|---|---|---|
| | | | | 0min | 30min | 60min | 0min | 30min | 60min |
| 中热＋硅粉 | 0.33 | 30 | 5 | 3.5 | 3.0 | 2.6 | 0 | 16.7 | 34.6 |

续表

| 试验组合 | 水胶比 | 粉煤灰（%） | 硅粉（%） | 含气量（%） | | | 含气量损失率（%） | | |
|---|---|---|---|---|---|---|---|---|---|
| | | | | 0min | 30min | 60min | 0min | 30min | 60min |
| 中热 + 硅粉 +PVA1 | 0.33 | 30 | 5 | 3.8 | 3.4 | 2.9 | 0 | 11.8 | 31.0 |
| 中热 + 粉煤灰 | 0.30 | 25 | 0 | 3.7 | 3.5 | 3.3 | 0 | 5.7 | 12.1 |
| 低热 + 硅粉 | 0.33 | 30 | 5 | 5.1 | 4.5 | 4.3 | 0 | 13.3 | 18.6 |
| 低热 + 硅粉 +PVA1 | 0.33 | 30 | 5 | 4.1 | 3.4 | 3.3 | 0 | 20.6 | 24.2 |
| 低热 + 粉煤灰 | 0.30 | 25 | 0 | 4.1 | 3.7 | 3.2 | 0 | 10.8 | 28.1 |

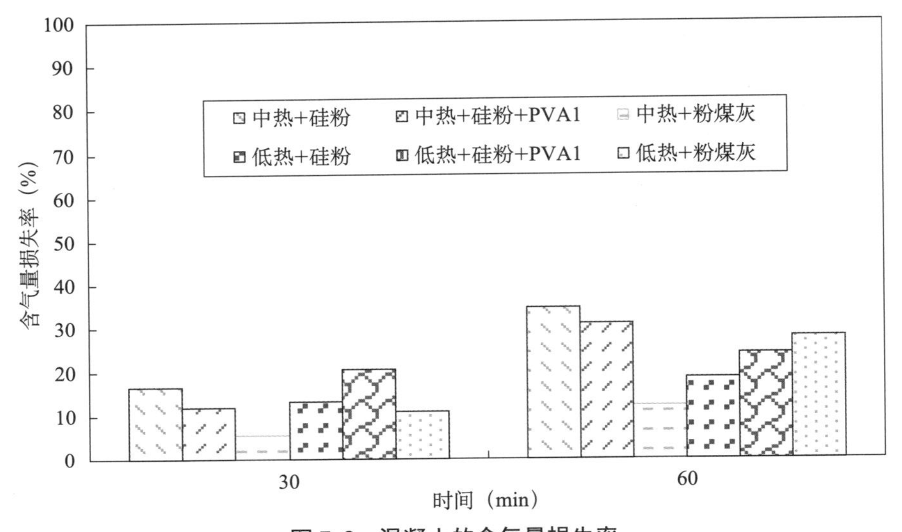


**图 7-2　混凝土的含气量损失率**

试验数据和数据分析结果表明：

（1）与常态混凝土相比，泵送混凝土的坍落度损失率较小。

（2）两种水泥对比，低热水泥混凝土的坍落度损失率较小。

（3）不同试验组合混凝土的含气量损失均较小。

## 7.2 混凝土强度

泵送混凝土抗压强度和劈拉强度试验结果分别见表 7–5、表 7–6 和图 7–3、图 7–4。

表 7–5　混凝土抗压强度试验结果

| 试验组合 | 水胶比 | 粉煤灰（%） | 硅粉（%） | 抗压强度（MPa） | | | | 抗压强度比（%） | | | |
|---|---|---|---|---|---|---|---|---|---|---|---|
| | | | | 7d | 28d | 90d | 180d | 7d | 28d | 90d | 180d |
| 中热 + 硅粉 | 0.33 | 30 | 5 | 37.8 | 57.5 | 64.4 | 67.4 | 100 | 100 | 100 | 100 |
| 低热 + 硅粉 | 0.33 | 30 | 5 | 27.0 | 56.5 | 68.4 | 72.4 | 71 | 98 | 106 | 107 |
| 中热 + 硅粉 +PVA1 | 0.33 | 30 | 5 | 38.0 | 60.2 | 68.5 | 71.6 | 100 | 100 | 100 | 100 |
| 低热 + 硅粉 +PVA1 | 0.33 | 30 | 5 | 28.1 | 59.6 | 71.3 | 74.8 | 74 | 99 | 104 | 104 |
| 中热 + 粉煤灰 | 0.30 | 25 | 0 | 44.4 | 61.5 | 72.0 | 75.3 | 100 | 100 | 100 | 100 |
| 低热 + 粉煤灰 | 0.30 | 25 | 0 | 36.1 | 63.7 | 75.2 | 78.9 | 81 | 104 | 104 | 105 |

表 7–6　混凝土劈拉强度试验结果

| 试验组合 | 水胶比 | 粉煤灰（%） | 硅粉（%） | 劈拉强度（MPa） | | | | 劈拉强度比（%） | | | |
|---|---|---|---|---|---|---|---|---|---|---|---|
| | | | | 7d | 28d | 90d | 180d | 7d | 28d | 90d | 180d |
| 中热 + 硅粉 | 0.33 | 30 | 5 | 2.24 | 3.62 | 4.03 | 4.03 | 100 | 100 | 100 | 100 |
| 低热 + 硅粉 | 0.33 | 30 | 5 | 2.01 | 3.77 | 4.09 | 4.25 | 90 | 104 | 101 | 105 |
| 中热 + 硅粉 +PVA1 | 0.33 | 30 | 5 | 2.30 | 3.67 | 3.91 | 4.08 | 100 | 100 | 100 | 100 |
| 低热 + 硅粉 +PVA1 | 0.33 | 30 | 5 | 2.13 | 3.85 | 4.01 | 4.18 | 93 | 105 | 103 | 102 |
| 中热 + 粉煤灰 | 0.30 | 25 | 0 | 2.94 | 3.81 | 3.86 | 3.97 | 100 | 100 | 100 | 100 |
| 低热 + 粉煤灰 | 0.30 | 25 | 0 | 2.35 | 3.58 | 4.16 | 4.22 | 80 | 94 | 108 | 106 |

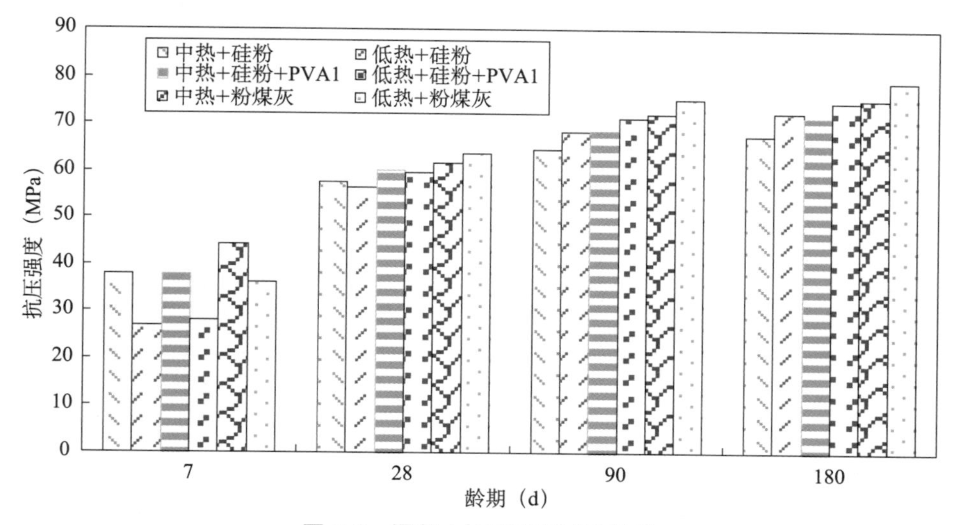


图 7–3　混凝土抗压强度试验结果

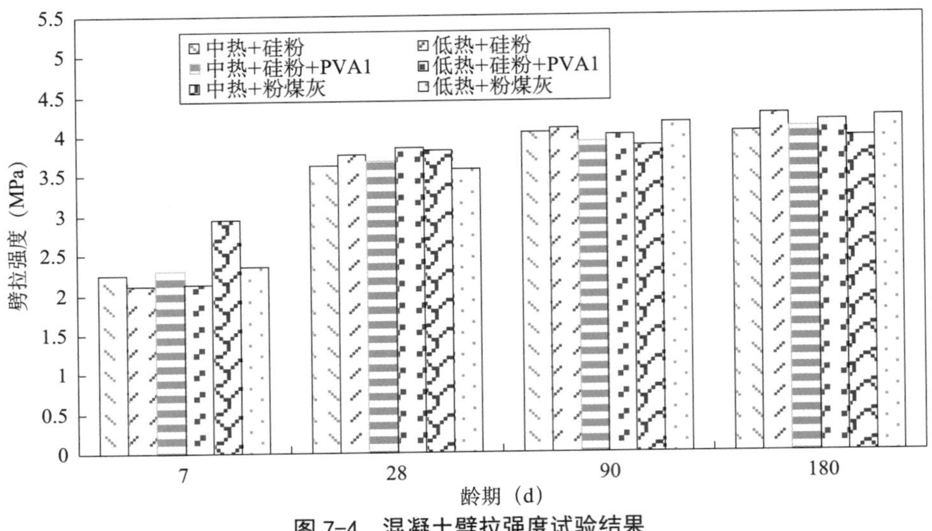


图 7-4　混凝土劈拉强度试验结果

试验结果和数据分析结果表明：

（1）相同龄期时，两种水泥泵送混凝土的强度略高于对应的常态混凝土。

（2）低热水泥混凝土的早期强度较低，后期强度发展较快。以硅粉混凝土为例，7d 的抗压强度仅为中热水泥混凝土的 71%，劈拉强度仅为中热水泥混凝土的 90%，28d 以后强度与中热水泥混凝土持平甚至略高，90d 以后则高于中热水泥混凝土。

## 7.3 混凝土极限拉伸

中热水泥和低热水泥的 6 种不同组合配合比泵送混凝土极限拉伸试验结果见表 7–7。

表 7–7　混凝土极限拉伸试验结果

| 试验组合 | 水胶比 | 粉煤灰（%） | 硅粉（%） | 极限拉伸值（$\times10^{-6}$） | | | 极限拉伸值比（%） | | |
|---|---|---|---|---|---|---|---|---|---|
| | | | | 28d | 90d | 180d | 28d | 90d | 180d |
| 中热 + 硅粉 | 0.33 | 30 | 5 | 104 | 108 | 115 | 100 | 100 | 100 |
| 低热 + 硅粉 | 0.33 | 30 | 5 | 115 | 117 | 118 | 111 | 108 | 103 |
| 中热 + 硅粉 +PVA1 | 0.33 | 30 | 5 | 110 | 114 | 121 | 100 | 100 | 100 |
| 低热 + 硅粉 +PVA1 | 0.33 | 30 | 5 | 118 | 120 | 122 | 107 | 105 | 101 |
| 中热 + 粉煤灰 | 0.30 | 25 | 0 | 105 | 108 | 110 | 100 | 100 | 100 |
| 低热 + 粉煤灰 | 0.30 | 25 | 0 | 116 | 122 | 124 | 110 | 113 | 113 |

试验结果数据表明：

（1）相同龄期时，两种水泥泵送混凝土的极限拉伸值高于对应的常态混凝土。

（2）低热水泥混凝土各龄期的极限拉伸值略高于中热水泥混凝土。

## 7.4 混凝土干缩

中热水泥和低热水泥的 6 种不同组合配合比泵送混凝土干缩试验结果见表 7–8，干缩率与养护龄期的关系曲线见图 7–5 和图 7–6。

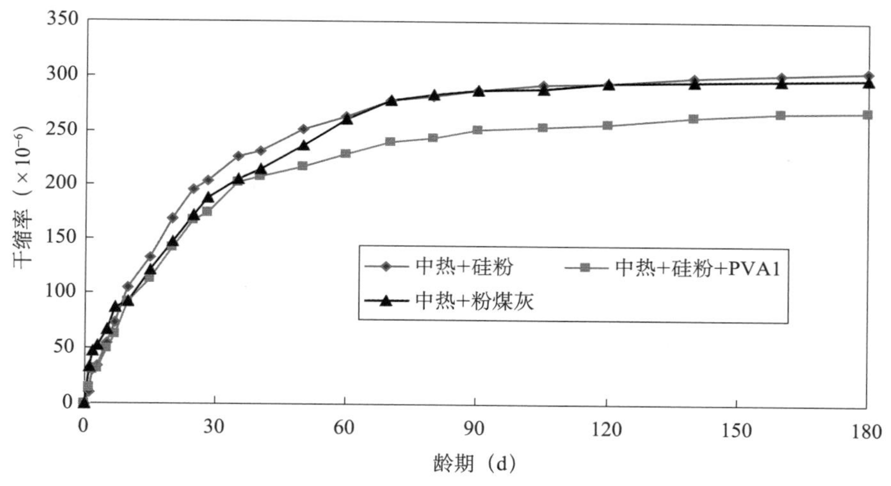


图 7–5　混凝土的干缩率随龄期变化曲线（中热水泥）

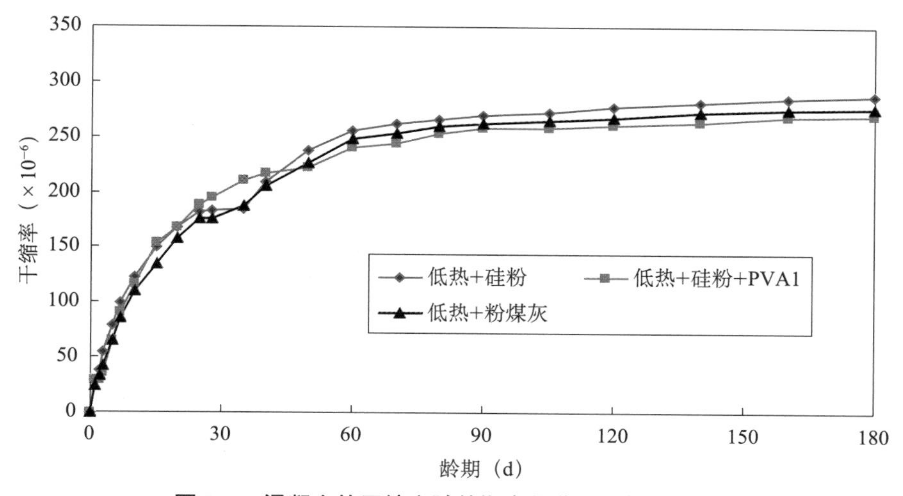


图 7–6　混凝土的干缩率随龄期变化曲线（低热水泥）

## 7.5 混凝土绝热温升

中热水泥和低热水泥的6种不同组合配合比泵送混凝土绝热温升试验结果见表7-9和图7-7，绝热温升与时间的关系式见表7-10。

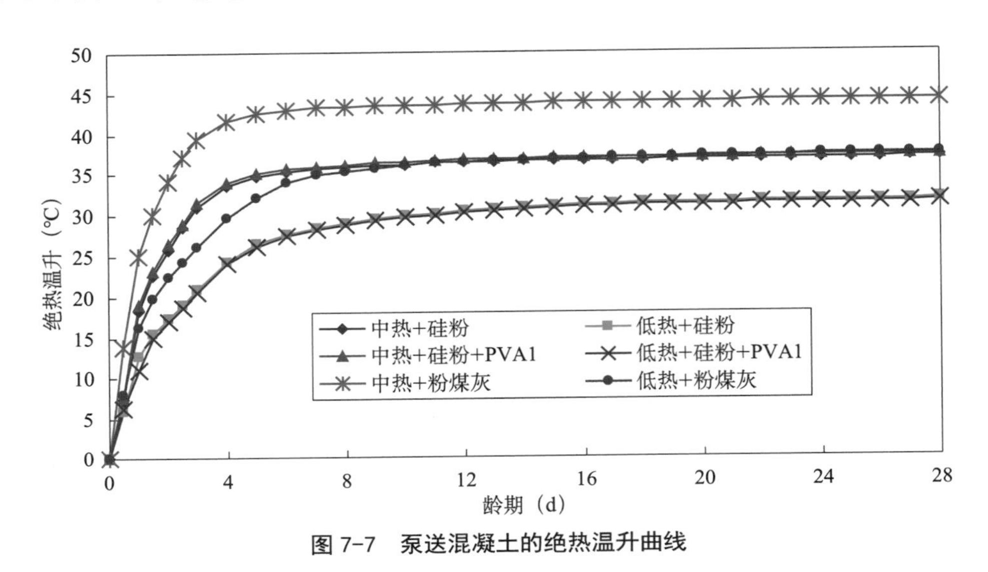


图7-7　泵送混凝土的绝热温升曲线

试验结果数据表明，泵送混凝土的干缩值均大于常态混凝土，低热水泥泵送混凝土的干缩值比中热水泥略小，这与常态混凝土有所不同。

试验结果数据分析表明：

（1）泵送混凝土的绝热温升值高于对应的常态混凝土。对于中热水泥，硅粉泵送混凝土28d的绝热温升为36.9℃，比常态混凝土高4.5℃；粉煤灰泵送混凝土28d的绝热温升为45.1℃，比常态混凝土高6.3℃。对于低热水泥，硅粉泵送混凝土28d的绝热温升为31.7℃，比常态混凝土高5.3℃；粉煤灰泵送混凝土28d的绝热温升为37.4℃，比常态混凝土高4.0℃。

（2）纤维对混凝土的绝热温升影响不明显。

（3）低热水泥泵送混凝土的绝热温升较中热水泥低。其中，低热水泥硅粉泵送混凝土28d的绝热温升为31.7℃，比中热水泥低5.2℃；低热水泥粉煤灰泵送混凝土28d的绝热温升为37.4℃，比中热水泥低6.7℃。

表 7-8　混凝土干缩试验结果

| 试验组合 | 干缩率（$\times 10^{-6}$） | | | | | | | | | | | | | | | | | | | | |
|---|---|---|---|---|---|---|---|---|---|---|---|---|---|---|---|---|---|---|---|---|---|
| | 1d | 2d | 3d | 5d | 7d | 10d | 15d | 20d | 25d | 28d | 35d | 40d | 50d | 60d | 70d | 80d | 90d | 105d | 120d | 140d | 160d | 180d |
| 中热 + 硅粉 | 11 | 31 | 35 | 55 | 74 | 106 | 133 | 169 | 196 | 204 | 226 | 231 | 252 | 264 | 279 | 282 | 288 | 293 | 295 | 300 | 303 | 305 |
| 中热 + 硅粉 +PVA1 | 14 | 31 | 32 | 50 | 64 | 92 | 113 | 142 | 168 | 175 | 202 | 208 | 216 | 228 | 241 | 245 | 252 | 255 | 258 | 264 | 268 | 270 |
| 中热 + 粉煤灰 | 33 | 47 | 53 | 68 | 87 | 92 | 122 | 148 | 172 | 187 | 205 | 214 | 236 | 262 | 279 | 284 | 288 | 289 | 295 | 296 | 297 | 298 |
| 低热 + 硅粉 | 30 | 39 | 55 | 80 | 101 | 123 | 151 | 168 | 183 | 184 | 185 | 210 | 238 | 256 | 263 | 266 | 270 | 273 | 278 | 282 | 286 | 288 |
| 低热 + 硅粉 +PVA1 | 29 | 30 | 36 | 66 | 91 | 117 | 154 | 169 | 189 | 195 | 211 | 223 | 223 | 241 | 245 | 253 | 258 | 259 | 261 | 264 | 269 | 270 |
| 低热 + 粉煤灰 | 24 | 33 | 43 | 66 | 86 | 111 | 135 | 158 | 176 | 176 | 188 | 206 | 227 | 248 | 253 | 260 | 262 | 265 | 268 | 273 | 275 | 277 |

表 7-9　混凝土的绝热温升 – 历时测定结果

| 试验组合 | 绝热温升（℃） | | | | | | | | | | | | | | |
|---|---|---|---|---|---|---|---|---|---|---|---|---|---|---|---|
| | 1d | 2d | 3d | 4d | 5d | 6d | 7d | 8d | 9d | 10d | 14d | 18d | 21d | 24d | 28d |
| 中热 + 硅粉 | 18.3 | 25.8 | 31.0 | 33.5 | 34.7 | 35.3 | 35.6 | 35.8 | 36.0 | 36.1 | 36.5 | 36.6 | 36.8 | 36.8 | 36.9 |
| 低热 + 硅粉 | 12.6 | 17.4 | 20.9 | 24.3 | 26.5 | 27.7 | 28.4 | 29.0 | 29.4 | 29.8 | 30.8 | 31.3 | 31.4 | 31.6 | 31.6 |
| 中热 + 硅粉 +PVA1 | 19.0 | 26.4 | 31.5 | 34.0 | 35.1 | 35.6 | 35.9 | 36.1 | 36.3 | 36.4 | 36.8 | 36.9 | 37.0 | 37.1 | 37.2 |
| 低热 + 硅粉 +PVA1 | 11.1 | 17.0 | 20.5 | 24.0 | 26.2 | 27.4 | 28.1 | 28.8 | 29.3 | 29.6 | 30.6 | 31.1 | 31.2 | 31.4 | 31.5 |
| 中热 + 粉煤灰 | 25.0 | 34.1 | 39.4 | 41.6 | 42.5 | 42.9 | 43.2 | 43.3 | 43.4 | 43.5 | 43.7 | 43.9 | 43.9 | 44.0 | 44.1 |
| 低热 + 粉煤灰 | 16.2 | 22.4 | 26.2 | 29.7 | 32.0 | 33.9 | 34.8 | 35.3 | 35.7 | 36.1 | 36.6 | 37.0 | 37.1 | 37.3 | 37.4 |

表 7-10　混凝土的绝热温升—历时拟合方程式（双曲线）

| 试验组合 | 水胶比 | 胶材用量 (kg/m³) | 28d 绝热温升（℃） | 拟合最终绝热温升（℃） | $T$—绝热温升（℃），$t$—历时（d） | | |
|---|---|---|---|---|---|---|---|
| | | | | | 表达式 | 95% 置信度 | 适用条件 |
| 中热 + 硅粉 | 0.33 | 363.6 | 36.9 | 37.5 | $T=\frac{37.5\times(t-0.6)}{t-0.16}$ | 1.74 | $t\geqslant 2.0$ |
| 低热 + 硅粉 | 0.33 | 363.6 | 31.6 | 33.2 | $T=\frac{33.2\times(t-0.4)}{t+0.81}$ | 1.38 | $t\geqslant 2.0$ |
| 中热 + 硅粉 +PVA1 | 0.33 | 363.6 | 37.2 | 37.8 | $T=\frac{37.8\times(t-0.6)}{t-0.18}$ | 1.67 | $t\geqslant 2.0$ |
| 低热 + 硅粉 +PVA1 | 0.33 | 363.6 | 31.5 | 33.1 | $T=\frac{33.1\times(t-0.4)}{t+0.87}$ | 1.24 | $t\geqslant 2.0$ |
| 中热 + 粉煤灰 | 0.30 | 390.0 | 44.1 | 44.5 | $T=\frac{44.5\times(t-0.7)}{t-0.43}$ | 1.89 | $t\geqslant 2.0$ |
| 低热 + 粉煤灰 | 0.30 | 390.0 | 37.4 | 38.8 | $T=\frac{38.8\times(t-0.4)}{t+0.54}$ | 1.84 | $t\geqslant 2.0$ |

## 7.6 混凝土抗冻试验

根据工程设计要求，抗冲耐磨混凝土抗冻等级为 F300，试验龄期 28d。中热水泥和低热水泥的 6 种不同组合配合比泵送混凝土抗冻试验结果分别见表 7-11 和表 7-12。

表 7-11　混凝土抗冻试验结果

| 试验组合 | 相对动弹性模量（%） | | | | | | | | | | | |
|---|---|---|---|---|---|---|---|---|---|---|---|---|
| | 25 次 | 50 次 | 75 次 | 100 次 | 125 次 | 150 次 | 175 次 | 200 次 | 225 次 | 250 次 | 275 次 | 300 次 |
| 中热 + 硅粉 | 96.9 | 96.7 | 96.6 | 96.5 | 96.4 | 96.3 | 96.2 | 96.0 | 95.9 | 95.8 | 95.6 | 95.5 |
| 中热 + 硅粉 + PVA1 | 97.4 | 97.3 | 97.2 | 97.2 | 97.1 | 97.0 | 96.8 | 96.6 | 96.4 | 96.3 | 96.2 | 96.0 |
| 中热 + 粉煤灰 | 98.0 | 98.0 | 97.9 | 97.9 | 97.8 | 97.8 | 97.8 | 97.7 | 97.7 | 97.6 | 97.6 | 97.5 |
| 低热 + 硅粉 | 97.2 | 96.8 | 96.3 | 95.4 | 93.9 | 91.9 | 91.2 | 90.1 | 89.4 | 88.6 | 87.6 | 86.8 |
| 低热 + 硅粉 + PVA1 | 97.7 | 97.4 | 97.2 | 96.9 | 96.7 | 96.6 | 96.2 | 95.8 | 95.5 | 95.1 | 94.8 | 94.6 |
| 低热 + 粉煤灰 | 97.7 | 97.5 | 97.3 | 97.2 | 97.1 | 96.9 | 96.8 | 96.7 | 96.7 | 96.5 | 96.4 | 96.2 |

表 7-12　混凝土抗冻试验结果

| 试验组合 | 质量损失率（%） | | | | | | | | | | | |
|---|---|---|---|---|---|---|---|---|---|---|---|---|
| | 25次 | 50次 | 75次 | 100次 | 125次 | 150次 | 175次 | 200次 | 225次 | 250次 | 275次 | 300次 |
| 中热 + 硅粉 | 0.00 | 0.03 | 0.07 | 0.07 | 0.07 | 0.07 | 0.07 | 0.07 | 0.07 | 0.07 | 0.07 | 0.07 |
| 中热 + 硅粉 +PVA1 | 0.02 | 0.04 | 0.05 | 0.05 | 0.06 | 0.08 | 0.08 | 0.10 | 0.10 | 0.12 | 0.14 | 0.14 |
| 中热 + 粉煤灰 | 0.00 | 0.00 | 0.00 | 0.02 | 0.05 | 0.05 | 0.05 | 0.05 | 0.07 | 0.07 | 0.07 | 0.07 |
| 低热 + 硅粉 | 0.05 | 0.10 | 0.20 | 0.22 | 0.23 | 0.25 | 0.28 | 0.32 | 0.35 | 0.37 | 0.40 | 0.45 |
| 低热 + 硅粉 +PVA1 | 0.02 | 0.03 | 0.04 | 0.04 | 0.04 | 0.05 | 0.06 | 0.07 | 0.07 | 0.08 | 0.09 | 0.10 |
| 低热 + 粉煤灰 | 0.03 | 0.03 | 0.03 | 0.05 | 0.05 | 0.05 | 0.05 | 0.05 | 0.05 | 0.05 | 0.05 | 0.05 |

试验结果数据表明，中热水泥与低热水泥泵送混凝土的抗冻性均满足 F300 的要求。

## 7.7 混凝土抗冲击韧性

中热水泥和低热水泥的 6 种不同组合配合比泵送混凝土抗冲击性能试验结果见表 7-13。

表 7-13　混凝土抗冲击性能试验结果

| 试验组合 | 28d 试验结果 | | 90d 试验结果 | |
|---|---|---|---|---|
| | 破坏时冲击次数 | 冲击能量（N·m） | 破坏时冲击次数 | 冲击能量（N·m） |
| 中热 + 硅粉 | 5.2 | 45.6 | 6.5 | 57.4 |
| 中热 + 硅粉 +PVA1 | 5.8 | 51.2 | 7.7 | 67.7 |
| 中热 + 粉煤灰 | 6.7 | 58.9 | 9.5 | 83.9 |
| 低热 + 硅粉 | 5.2 | 45.9 | 7.3 | 64.7 |
| 低热 + 硅粉 +PVA1 | 5.8 | 51.2 | 7.4 | 65.3 |
| 低热 + 粉煤灰 | 6.7 | 58.9 | 9.7 | 85.3 |

试验结果数据表明，混凝土试件破坏时的冲击次数较少，中热水泥与低热水泥混凝土破坏时的冲击次数接近。

## 7.8 混凝土抗冲磨试验——圆环法

中热水泥和低热水泥的6种不同组合配合比泵送混凝土抗冲磨性能采用圆环法进行试验，试验结果见表7–14。

表7–14 混凝土抗冲磨试验结果

| 试验组合 | 90d试验结果 | | | 180d试验结果 | | |
|---|---|---|---|---|---|---|
| | 抗压强度（MPa） | 平均累计冲磨量（g） | 抗冲磨强度（MPa） | 抗压强度（MPa） | 平均累计冲磨量（g） | 抗冲磨强度（MPa） |
| 中热+硅粉 | 64.4 | 892.0 | 0.11 | 67.4 | 794.8 | 0.12 |
| 低热+硅粉 | 68.4 | 815.8 | 0.12 | 72.4 | 682.8 | 0.14 |
| 中热+硅粉+PVA1 | 68.5 | 824.0 | 0.11 | 71.6 | 770.5 | 0.12 |
| 低热+硅粉+PVA1 | 71.3 | 764.5 | 0.12 | 74.8 | 741.3 | 0.13 |
| 中热+粉煤灰 | 72.0 | 790.8 | 0.12 | 75.3 | 727.3 | 0.13 |
| 低热+粉煤灰 | 75.2 | 779.5 | 0.12 | 78.9 | 707.0 | 0.13 |

试验结果数据表明：

（1）掺入纤维后，混凝土的抗冲磨强度略有提高。

（2）与常态混凝土规律不同，低热水泥泵送混凝土的抗冲磨强度略高。

## 7.9 混凝土抗裂性试验——平板法

中热水泥和低热水泥的6种不同组合配合比泵送混凝土抗裂性能采用平板法进行抗裂试验，试验结果见表7–15。

试验结果数据表明，掺纤维可以提高混凝土塑性阶段的抗裂性能。硅粉混凝土方案中，低热水泥的抗裂性更好。

表 7–15　混凝土抗裂性能试验结果

| 试验组合 | 开裂时间（h：min） | 裂缝数量（条） | 裂缝宽度（mm） | 裂缝平均开裂面积（$mm^2$/条） | 单位面积的开裂裂缝数目（条/$m^2$） | 单位面积上的总裂开面积（$mm^2/m^2$） | 抗裂性等级 |
|---|---|---|---|---|---|---|---|
| 中热 + 硅粉 | 4：10 | 44 | 0.01~0.24 | 1.52 | 122 | 169 | Ⅳ |
| 低热 + 硅粉 | 6：40 | 41 | 0.01~0.14 | 0.76 | 114 | 98 | Ⅲ |
| 中热 + 硅粉 +PVA1 | 7：10 | 15 | 0.01~0.02 | 0.19 | 42 | 12 | Ⅱ |
| 低热 + 硅粉 +PVA1 | 5：15 | 22 | 0.01~0.05 | 0.42 | 61 | 36 | Ⅲ |
| 中热 + 粉煤灰 | 7：05 | 50 | 0.01~0.06 | 1.15 | 139 | 160 | Ⅳ |
| 低热 + 粉煤灰 | 5：15 | 22 | 0.01~0.24 | 6.21 | 61 | 379 | Ⅳ |

## 7.10　小结

试验选用中热、低热两种水泥，分别进行了 6 种不同组合配合比的泵送混凝土性能试验，混凝土性能试验结果汇总于表 7–16。

### 7.10.1　水泥对比

（1）低热水泥泵送混凝土的早期强度较低，后期强度发展较快，28d 以后强度与中热水泥混凝土持平或略高。混凝土的设计强度是以 90d 龄期为标准，因此，低热水泥混凝土具有良好的后期性能。

（2）与中热水泥相比，低热水泥泵送混凝土的干缩值略小，极限拉伸值增加。

（3）低热水泥泵送混凝土具有较低的水化热温升和放热速率。其中，低热水泥硅粉泵送混凝土 28d 的绝热温升为 31.7℃，比中热水泥低 5.2℃；低热水泥粉煤灰泵送混凝土 28d 的绝热温升为 37.4℃，比中热水泥低 7.7℃。

（4）低热水泥泵送混凝土的抗冲磨强度略高。

从以上分析看，采用低热水泥配制泵送混凝土更有优势。

### 7.10.2　常态、泵送混凝土对比

相同试验组合的常态混凝土和泵送混凝土区别在于工作性不同，其他变量如水胶

比、硅粉和粉煤灰掺量、纤维掺量等都相同。以下是两种工作性混凝土的对比。

（1）硅粉常态混凝土的用水量为 108kg/m$^3$，比泵送混凝土少 12kg/m$^3$；相应的胶凝材料用量为 327.3kg/m$^3$，比泵送混凝土少 36.3kg/m$^3$。粉煤灰常态混凝土的用水量为 105kg/m$^3$，比泵送混凝土少 12kg/m$^3$；相应的胶凝材料用量为 350kg/m$^3$，比泵送混凝土少 40kg/m$^3$。

（2）泵送混凝土的强度、极限拉伸值比对应的常态混凝土略高。

（3）泵送混凝土的干缩值较高。

（4）泵送混凝土的绝热温升值较高。对于中热水泥，硅粉泵送混凝土 28d 的绝热温升为 36.9℃，比常态混凝土高 4.5℃；粉煤灰泵送混凝土 28d 的绝热温升为 45.1℃，比常态混凝土高 6.3℃。对于低热水泥，硅粉泵送混凝土 28d 的绝热温升为 31.7℃，比常态混凝土高 5.3℃；粉煤灰泵送混凝土 28d 的绝热温升为 37.4℃，比常态混凝土高 4.0℃。

综上所述，泵送混凝土具有胶凝材料用量高、干缩值较大和绝热温升较高，相比常态混凝土，采用泵送方式对混凝土的抗裂是不利的。因此，施工方案可以采用常态混凝土，不适合浇筑常态混凝土的部位采用泵送混凝土，但要控制好混凝土的坍落度。

表 7-16　泵送混凝土性能汇总

| 序号 | 试验组合 | 用水量 (kg/m³) | 胶材总量 (kg/m³) | 和易性描述 | 抗压强度（MPa） | | | | 劈拉强度（MPa） | | | | 极限拉伸值（×10⁻⁶） | | |
|---|---|---|---|---|---|---|---|---|---|---|---|---|---|---|---|
| | | | | | 7d | 28d | 90d | 180d | 7d | 28d | 90d | 180d | 28d | 90d | 180d |
| 1 | 中热＋硅粉 | 120 | 363.6 | 和易性良好，粉煤灰混凝土比硅粉混凝土更黏稠 | 37.8 | 57.5 | 64.4 | 67.4 | 2.24 | 3.62 | 4.03 | 4.03 | 104 | 108 | 115 |
| 2 | 低热＋硅粉 | 120 | 363.6 | | 27.0 | 56.5 | 68.4 | 72.4 | 2.01 | 3.77 | 4.09 | 4.25 | 115 | 117 | 118 |
| 3 | 中热＋硅粉＋PVA1 | 120 | 363.6 | | 38.0 | 60.2 | 68.5 | 71.6 | 2.30 | 3.67 | 3.91 | 4.08 | 110 | 114 | 121 |
| 4 | 低热＋硅粉＋PVA1 | 120 | 363.6 | | 28.1 | 59.6 | 71.3 | 74.8 | 2.13 | 3.85 | 4.01 | 4.18 | 118 | 120 | 122 |
| 5 | 中热＋粉煤灰 | 117 | 390.0 | | 44.4 | 61.5 | 72.0 | 75.3 | 2.94 | 3.81 | 3.86 | 3.97 | 105 | 108 | 110 |
| 6 | 低热＋粉煤灰 | 117 | 390.0 | | 36.1 | 63.7 | 75.2 | 78.9 | 2.35 | 3.58 | 4.16 | 4.22 | 116 | 122 | 124 |

| 序号 | 试验组合 | 干缩率（×10⁻⁶） | | | | 绝热温升（℃） | 抗冻等级 | 冲击韧性（次） | | 圆环法抗冲磨强度［h/（kg/m²）］ | | 平板法开裂试验 | | 圆环法开裂试验 |
|---|---|---|---|---|---|---|---|---|---|---|---|---|---|---|
| | | 7d | 28d | 90d | 180d | 28d | 28d | 28d | 90d | 90d | 180d | 裂缝数量（条） | 抗裂性等级 | 裂缝数量（条） |
| 1 | 中热＋硅粉 | 74 | 204 | 288 | 305 | 37.5 | ＞F300 | 5.2 | 6.5 | 0.11 | 0.12 | 44 | Ⅳ | 0 |
| 2 | 低热＋硅粉 | 101 | 184 | 270 | 288 | 33.2 | ＞F300 | 5.2 | 7.3 | 0.12 | 0.14 | 41 | Ⅲ | 0 |
| 3 | 中热＋硅粉＋PVA1 | 64 | 175 | 252 | 270 | 37.8 | ＞F300 | 5.8 | 7.7 | 0.11 | 0.12 | 15 | Ⅱ | 0 |
| 4 | 低热＋硅粉＋PVA1 | 91 | 195 | 258 | 270 | 33.1 | ＞F300 | 5.8 | 7.4 | 0.12 | 0.13 | 22 | Ⅲ | 0 |
| 5 | 中热＋粉煤灰 | 87 | 187 | 288 | 298 | 44.5 | ＞F300 | 6.7 | 9.5 | 0.12 | 0.13 | 50 | Ⅳ | 0 |
| 6 | 低热＋粉煤灰 | 86 | 176 | 262 | 277 | 38.8 | ＞F300 | 6.7 | 9.7 | 0.12 | 0.13 | 22 | Ⅳ | 0 |

# 第8章 试验研究成果

## 8.1 主要研究成果

向家坝水电站抗冲耐磨混凝土共有34个配合比，考虑的影响因素较多，共进行了原材料检测、原材料对混凝土性能的影响研究和泵送混凝土性能试验三个方面的试验研究。根据研究成果，对试验成果分析总结如下：

（1）混凝土原材料检测结果表明，试验所用的水泥、粉煤灰、硅粉、骨料、外加剂等原材料均满足规范要求。

（2）通过试验确定了硅粉混凝土、粉煤灰混凝土两个基准混凝土的配合比参数，在此基础上，比较了合成纤维、减缩剂、减缩型减水剂、膨胀剂、JM-PCA Ⅲ减水剂、低热水泥等原材料对混凝土性能的影响。

（3）基准混凝土性能试验表明，硅粉混凝土的和易性好，胶凝材料用量少，极限拉伸值高，自生体积收缩变形小，绝热温升低。

从提高混凝土的施工性能、减少温度裂缝和提高抗裂性的角度考虑，强度等级C9050和C9055混凝土推荐采用硅粉混凝土，强度等级C9040推荐采用粉煤灰混凝土。

（4）纤维混凝土性能试验表明：纤维混凝土的黏聚性和保水性较好，其中，PVA1和PP纤维的分散性好，PVA2纤维的分散性较差；纤维对混凝土的强度、干缩、自变和绝热温升影响较小；纤维可以提高混凝土的极限拉伸值，PVA1的效果最好；掺纤维能显著延迟混凝土开裂的时间，降低裂缝的数量、宽度和开裂面积，提高混凝土塑性阶段的抗裂性能；掺纤维后，混凝土的抗冲磨强度略有提高。

从提高混凝土的极限拉伸值和抗冲磨强度，防止塑性收缩开裂的角度考虑，可掺PVA1纤维。

（5）掺减缩剂后引气剂的掺量大幅增加，含气量仍不满足设计要求，对混凝土的抗冻性不利。减缩剂的减缩效果明显，但向家坝水电站工程灰岩骨料混凝土的干缩较小，掺减缩剂后，混凝土的自生体积变形由收缩变为微膨胀，对混凝土的抗裂有利。在混凝土生产过程中拌合楼需单独增加计量通道，可操作性不佳。综合考虑，可不掺减缩剂。

（6）掺减缩减水剂后，混凝土的强度、极限拉伸值和干缩无明显变化。混凝土的裂缝数目增加（平板法），抗冲磨强度下降。因此，可不掺减缩减水剂。

（7）掺膨胀剂后混凝土的干缩增加；膨胀剂可以增加混凝土早期的微膨胀性，但后期收缩较快，对混凝土的体积稳定性不利，存在拌合楼掺加的问题。因此，可不掺膨胀剂。

（8）掺 JM–PCA Ⅲ减水剂混凝土的用水量已较低，胶凝材料用量不高。掺入 JM–PCA Ⅲ后，用水量降低，混凝土的和易性变差，坍落度损失更明显，混凝土的性能并没有明显的改善。因此，对向家坝水电站工程而言，可以不选用减水率更高的 JM–PCA Ⅲ聚羧酸减水剂。

（9）低热水泥混凝土的早期强度较低，后期强度发展较快，具有良好的力学性能。低热水泥混凝土具有较低的水化热温升和放热速率，有利于温控防裂，混凝土塑性阶段的抗裂性能更好。

试验成果表明，中热水泥和低热水泥均可用于抗冲耐磨混凝土。使用低热水泥在混凝土的力学性能、热学性能和抗裂性方面具有一定的优势，缺点是自生体积收缩变形较大。

（10）在混凝土和易性、强度和抗裂性方面，四个品种的硅粉差别较小。在混凝土干缩性能方面，以 A 种硅粉最小，B 种最大，C 种和 D 种二者居中。

（11）不同粉煤灰掺量混凝土性能试验表明：在保证胶凝材料用量相同的情况下，随着粉煤灰掺量的增加，混凝土的水胶比减小，用水量降低，和易性变差；混凝土早期强度存在最优掺量，90d 和 180d 不同掺量粉煤灰混凝土的抗压强度相近，劈拉强度随粉煤灰掺量的增加略有降低；混凝土的干缩随粉煤灰掺量的增加逐渐减小；粉煤灰掺量从 30% 增加到 40%，混凝土 90d 龄期后的极限拉伸值降低；粉煤灰掺量在 10%~30% 范围内，混凝土的抗冲磨强度变化不大，掺量达到 40% 时，抗冲磨强度最低。

综合分析，粉煤灰掺量不超过 30% 对混凝土的整体性能有利。

（12）掺抗冲磨剂对粉煤灰混凝土的抗压强度影响不明显，但劈拉强度增加，干缩降低，抗冲磨强度有所提高，从这些性能看是有利的，但在应用中需考虑如何计量和拌合楼掺加方式问题，并进一步分析抗冲磨剂及掺量对混凝土性能的影响。

（13）中热和低热水泥泵送混凝土性能试验表明：低热水泥泵送混凝土的早期强度较低，后期强度发展较快；低热水泥泵送混凝土的干缩值略小，极限拉伸值增加；低热水泥泵送混凝土具有较低的水化热温升和放热速率，有利于温控防裂；低热水泥泵送混凝土的抗冲磨强度略高。

综合分析，采用低热水泥配制泵送混凝土更有优势。

（14）常态、泵送混凝土性能试验表明：泵送混凝土胶凝材料用量较高、干缩值较大和绝热温升较高，对混凝土的抗裂性不利。因此，施工方案尽量采用常态混凝土，不适合浇筑常态混凝土的部位，可采用泵送混凝土，但要控制好混凝土的坍落度。

（15）掺硅粉混凝土性能试验表明：掺硅粉混凝土在抗压强度和抗冲耐磨性能上均无明显优势，粉煤灰混凝土与硅粉混凝土的基本性能没有明显的差异。

## 8.2 抗冲磨混凝土配合比

综合上述试验结果，向家坝水电站工程抗冲磨混凝土采用如下配合比方案均可满足抗冲耐磨混凝土设计要求。

1）掺粉煤灰

（1）中热水泥 +25% 粉煤灰；

（2）低热水泥 +25% 粉煤灰；

（3）中热水泥 +25% 粉煤灰 + 纤维 PVA1。

2）掺硅粉

（1）中热水泥 +30% 粉煤灰 +5%SF1；

（2）低热水泥 +30% 粉煤灰 +5%SF1；

（3）中热水泥 +30% 粉煤灰 +5%SF1+ 纤维 PVA1；

（4）中热水泥 +30% 粉煤灰 +5%SF1+ 减缩剂 SRA。

3）泵送混凝土

（1）中热水泥 +25% 粉煤灰；

（2）低热水泥 +25% 粉煤灰。

## 8.3 配合比确定

为保证混凝土整体性能稳定可靠，向家坝水电站抗冲耐磨混凝土骨料采用灰岩，与大坝骨料保持一致，人工砂石粉含量 10%~14%，细度模数 2.7 ± 0.1，提高抗冲磨混凝土强度稳定性，结合现场混凝土浇筑部位和主要入仓方式，向家坝水电站 C9055 抗冲耐磨混凝土采用“低水胶比 + 高掺粉煤灰 + 外掺 PVA 纤维”的配合比进行拌制（水胶比 0.28~0.30，粉煤灰 25%，纤维 0.9kg/m$^3$）。

# 第 9 章 现场应用情况

## 9.1 施工组织管理

为确保向家坝水电站泄洪消能建筑物施工质量，从工程经验总结、现场施工管理和质量监督检查三方面进行了严格控制，成立抗冲耐磨混凝土专题小组。一方面及时总结、改进工艺，提升施工质量，并通过制作标准化施工工艺幻灯片，对参建人员进行培训；另一方面，制定相关管理办法，如《抗冲耐磨混凝土技术要求》《抗冲耐磨混凝土施工管理办法》《泄洪消能建筑物混凝土表面缺陷检查及处理管理办法》等；此外，建立抗冲耐磨混凝土施工质量档案制度，落实各工序的质量管理责任。

## 9.2 施工方案

### 9.2.1 混凝土分层分块

（1）分块

根据相关设计图纸，消力池分为消力池底板、左导墙、中导墙、右导墙、尾坎、护坦等部位，中导墙从中将消力池分为左、右两个部分。

消力池底板混凝土分块尺寸为（10~15m）×（13~17.5m），左消力池底板从右往左分为 8 个条带，从上游往下游分为 15 个条带，合计 98 块；右消力池底板从右往左也分为 8 个条带，从上游往下游分为 15 个条带，合计 120 块。

左导墙从上游往下游共分为 9 段（编号依次为第 ①~⑨ 段），分段长度 19.05~37m，其中，第①~⑦段长度均为20m，第⑧段分段长度19.05m，第⑨段分段长度37m。

中导墙从上游往下游共分为12段（编号依次为第①~⑫段），分段长度19.05~37m，其中，第①~②段长度均为23m，第③段长度为22.95m，第④~⑩段长度均为20m，第⑪段分段长度19.05m，第⑫段分段长度37m。

右导墙从上游往下游共分为12段（编号依次为第①~⑫段），分段长度19.05~42m，其中，第①~②段长度均为23m，第③段长度为22.95m，第④~⑩段长度均为20m，第⑪段分段长度19.05m，第⑫段分段长度42m。

尾坎从左往右共分9块，其中左尾坎4块、右尾坎5块，分块长度15~22m。

根据设计图纸，左消力池底板桩号0+275.95m以前纵横缝均为水平梯形键槽缝；0+275.95m以后为平面缝；右消力池底板桩号0+285.95m以前纵横缝均为水平梯形键槽缝；0+285.95m以后为平面缝；左、中、右导墙各分段间设计均为垂直梯形键槽缝；尾坎各分段间设计为平面缝。

（2）分层

消力池底板混凝土按1.5~3m进行分层，单块底板分4仓浇筑，分层高度依次为高程235m~高程238m~高程241m~高程243.5m~高程245m，具体浇筑分层根据结构和温控情况确定。

左、中导墙高程245m以下大体积混凝土主要采用1.5~2m分层；高程245m以上属墙式结构，主要采用3m分层浇筑。

右导墙高程261m以下大体积混凝土主要采用1.5~2m分层，局部为3m升层；高程261m以上属墙式结构，主要采用3m分层浇筑。

尾坎高程250m以下基础混凝土主要采用1.5~2m分层，局部为3m升层；高程250m以上过流面混凝土主要采用3m分层浇筑。

消力池分层分块见图9-1。

### 9.2.2 混凝土入仓方案

根据消力池部位混凝土施工设备布置方案，消力池部位混凝土主要施工设备有：2台上海MQ2000港机（编号分别为2号、5号）、1台K1000S32移动式建筑塔机、2台CC200-24胎带机、1台布料机等，具体布置如下：

1）上海MQ2000港机

5号港机布置在泄水坝段下游，平行于坝轴线，中心桩号为坝下0+145.000m，轨道范围坝右0+068.000m~坝右0+230.000m，轨道长度255m。5号港机最大幅度71m，可完全覆盖中、右导墙第①~③段全部、第④段大部分及部分消力池底板。5号港机以泄水坝段施工为主，兼顾消力池部位施工。

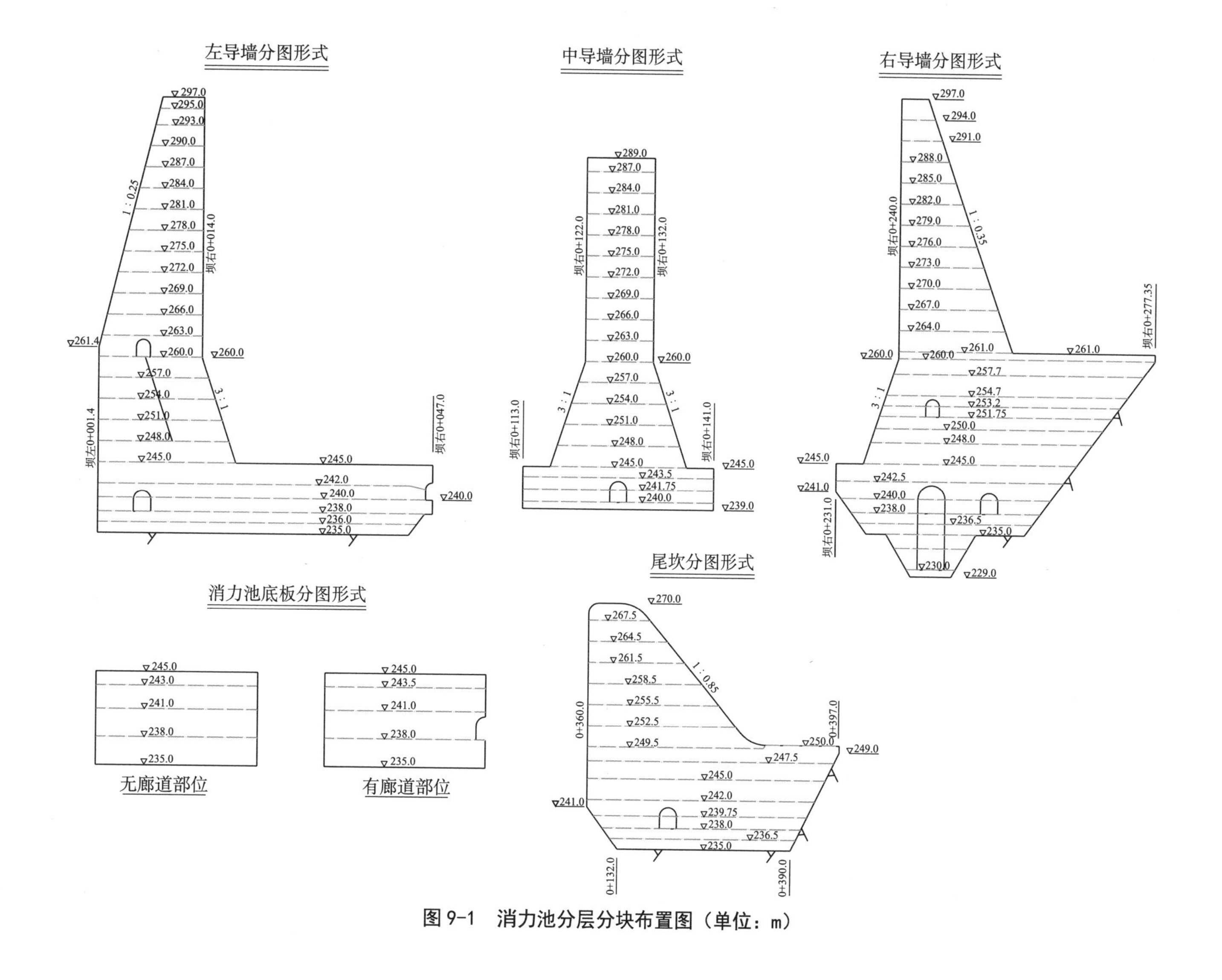


图 9-1　消力池分层分块布置图（单位：m）

2 号港机顺水流向布置在左消力池底板上，中心桩号 0+069.000m，轨道上下游范围桩号坝下 0+169.00m~ 坝下 0+359.00m，轨道长 190m。2 号港机最大幅度 71m，可基本覆盖左导墙、左消力池底板和左尾坎第 ①~④ 段以及中导墙，作为左导墙及中导墙的主要浇筑手段，穿插浇筑部分左消力池底板，左导墙及中导墙最后一段盲区采用胎带机补充浇筑。

港机轨道布置在左消力池 4 号、5 号条带底板高程 243.50m 上，采用在混凝土浇筑仓位中预埋轨道插筋及相应埋件的方式施工，待后期轨道拆除后，将底板混凝土浇筑至高程 245.00m。

2）K1000S32 移动式建筑塔机

K1000S32 塔机布置在右消力池底板上，与港机平行布置，中心桩号 0+211. 00m，轨道上下游范围桩号坝下 0+165.00m~ 坝下 0+359.00m，轨道长 194m。塔机挂 $3m^3$ 罐可达到 70m 幅度，可完全覆盖右导墙、右消力池底板及右尾坎，主要负责右导墙混凝土浇筑。

K1000S32 塔机轨道布置在右消力池底板 2# 条带高程 243.50m 上，施工方式与港机轨道相同。

3）胎带机

1 号、2 号胎带机前期均布置在左消力池，主要底板及左导墙、中导墙高程 245.00m 以下混凝土浇筑；2011 年 2 月后，两台胎带机均布置在右消力池，主要用于浇筑右消力池底板及右导墙高程 260.00m 以下部分混凝土；2011 年 7 月后，1 台胎带机布置在消力池底板，用于浇筑尾坎混凝土，另 1 台布置在护坦高程 260.00m 平台上，主要负责护坦混凝土浇筑。

4）布料机

布料机布置在消力池底板上，主要负责部分底板混凝土的浇筑。

### 9.2.3 施工规划

消力池作为二期工程 I 标段的一部分，服从于本标段施工安排，为确保控制性工期目标，施工安排上以泄水坝段为主、消力池为辅，消力池部位施工进度错开泄水坝段高峰期，以降低浇筑强度，最大限度减少施工干扰。施工规划按照先左消力池、后右消力池，先底板、后导墙、最后尾坎和护坦的顺序施工，固灌施工穿插在混凝土施工间歇进行。其中，右导墙受齿槽碾压混凝土浇筑影响，开始浇筑时间较晚，为消力池关键线路施工项目，其他不受齿槽碾压混凝土影响部位，在完成基岩面验收后即可开始施工。2010 年 3 月开始浇筑，在 2012 年 2 月上旬前完成除道路占压部位和少量护坦部位外的所有混凝土施工和门机拆除，4 月底前完成道路占压的尾坎和剩余护坦浇筑，5 月底前完成进水前验收工作，具备进水条件。各部位具体规划如下：

1）底板

左消力池底板共 98 块，混凝土总方量 11.6 万 $m^3$，分布于高程 235m、高程 239m、高程 241m 平台，其中，高程 235m 平台 32 块、高程 239m 平台 30 块、高程 241m 平台 36 块。于 2010 年 3 月开始施工，根据现场道路布置和门机安装部位，按照先高程 239m 平台，然后高程 235m 平台，最后高程 241m 平台的顺序浇筑，优先浇筑港机占压范围内的 D、E 条带，在 2010 年 5 月中旬前完成 2 号港机安装工况条件下的底板浇筑，为港机安装提供部位。2010 年 11 月完成所有左消力池底板浇筑，2011 年 1 月完成左导墙基础混凝土浇筑，为 2011 年 2 月胎带机进入右消力池部位浇筑右导墙创造条件，总施工工期 9 个月。

右消力池底板共 120 块，混凝土总方量 9.8 万 $m^3$，其中 26 块底板布置于高程 241m 平台，94 块布置于齿槽碾压混凝土高程 240m 平台，高程 240m 平台须待齿槽碾压混凝土浇筑至高程 240m 后方能施工。位于高程 241m 平台 26 块底板安排在 2010 年 5 月开始浇筑，剩余的 94 块底板在 2010 年 8 月开始浇筑，优先泄水坝段下游及建塔安装部位底板，其余从下游向上游逐块浇筑，右消力池底板 2011 年 6 月底完成，其后开始浇筑尾坎。

2）左导墙

左导墙共分 9 段，起止高程 235~297m，最大高度 62m，混凝土总方量 18.8 万 $m^3$。从 2010 年 5 月份开始浇筑，前期采用胎带机浇筑，2010 年 6 月中旬后由 2# 港机浇筑，从上游向下游顺序分 2 批施工，每批控制在 4~5 段，于 2011 年 9 月完成，总施工工期 17 个月。

3）右导墙

右导墙共分 12 段，起止高程 229~297m，最大高度 68m，混凝土总方量 27.7 万 $m^3$。右导墙完全受齿槽影响，开始浇筑时间较晚，为消力池控制性工期部位，安排在 2010 年 11 月开始浇筑，2012 年 1 月底完成，总施工工期 15 个月。由于右导墙工期紧张，除采用建塔浇筑外，还需胎带机辅助浇筑，分 2 批施工，每批 6 段。

4）中导墙混凝土

中导墙共分 12 段，起止高程 239~289m，最大高度 50m，混凝土总方量 18.0 万 $m^3$，其中第 ⑥~⑫ 段位于高程 241m 平台，第 ①~⑤ 段位于坝基齿槽范围。中导墙和左导墙规划均采用 2 号港机浇筑，2010 年 6 月开始浇筑，从下游向上游分 2 批施工，每批 6 段左右，于 2011 年 6 月完成，总施工工期 13 个月，其中，第 ① 段受 5 号港机占压，在 2011 年 9 月恢复浇筑，2011 年 12 月底前浇筑至设计高程。为保证左、右消力池交通顺畅，在第⑨段高程 245.00~252.00m 预留一个 7m × 7m 城门洞型交通洞，2012 年 2 月进行回填封堵。

5）尾坎

尾坎共 9 段，其中左尾坎 4 段，右尾坎 5 段，混凝土总方量 13.5 万 $m^3$，安排在消力池底板施工完成后施工。根据消力池施工道路布置情况，2010 年 10 月将左尾坎第④段浇至高程 245.00m，并完成固灌施工，然后填筑进入消力池的道路，2010 年 11 月该道路正式投入使用。2012 年 2 月上旬拆除该道路，恢复该段浇筑，2012 年 4 月底前浇筑至设计高程；其余尾坎部位从 2011 年 7 月开始浇筑，中间穿插进行固灌施工，2012 年 1 月中旬前全部浇筑至设计高程，总施工工期约 7 个月。

6）护坦混凝土

护坦混凝土总方量 1.7 万 $m^3$，计划于 2011 年 12 月开始浇筑，2012 年 2 月完成。

## 9.3 主要施工方法

### 9.3.1 基岩面处理

由人工按照设计和规范要求对基岩面进行整修、清理、冲洗，人工配合清碴，潜水泵排水至仓外，并在仓外筑排水沟引排外来水，确保浇筑时仓内无外来水流入。在开仓浇筑前，用高压水进行清洗并保持湿润。在浇筑上一层混凝土前，铺设一层 2~3cm 的水泥砂浆或不小于 10cm 厚的同等级一级配混凝土。每次铺设面积与浇筑强度相适应，铺设砂浆后及时覆盖。

### 9.3.2 施工缝处理

新浇筑混凝土的部位，如还需继续浇筑混凝土，则应根据施工部位的不同，采用冲毛的方式对混凝土缝面进行处理，一般在收仓后 24~36h（根据不同季节和温度情况凭经验确定）进行冲毛，施工缝面冲毛压力应控制在 30~50MPa，冲毛枪同缝面之间的角度在 70°~75° 之间，按照一定的顺序进行冲毛，冲毛过程中应特别注意仓面周边和钢筋密集区的冲毛质量，严禁漏冲和过冲。混凝土浇筑前再次用清水冲洗缝面，保持缝面洁净、湿润。

### 9.3.3 锚筋施工

消力池底板、导墙底部布设间排距为 1.5m × 1.5m 的 $\phi$36mm 锚筋，与底板面层钢筋网连接。根据防护区域锚筋入岩长度分为 A、B、C、D 四个区，其中 A、B、C 区入岩长度分别为 10m、8m、6m，D 区为齿槽碾压混凝土回填区域，锚筋不入岩，锚筋孔要求采用M30微膨胀水泥灌注，锚筋总计14 064根（不含D区）。

锚筋施工遵循以下施工程序：测量放点→钻孔→洗孔→验收→插入锚杆→灌注砂浆→养护。

锚杆型式均为Φ36，采用“先插杆、后注浆”的方法施工。锚筋孔采用D7、CM351、100型钻机钻孔，由9m$^3$或20m$^3$移动式空压机供风，孔径76mm，孔位偏差不大于10cm、孔深偏差不大于5cm，孔向垂直于锚固面。钻孔施工完毕后，用清水反复冲洗，直至回水澄清。然后用风吹干孔内积水，经锚筋试孔合格可开始注浆，注浆采用专门的注浆机。砂浆配比通过试验确定并报监理批准，砂浆采用搅拌机现场搅拌，随拌随用。注浆时，先将$\phi$36mm锚杆连同$\phi$20mm注浆管插入孔内，采用注浆机注浆至孔口砂浆溢出，然后用楔子楔紧，24h内不得扰动，对已注浆锚杆设置明显标识。

### 9.3.4 模板施工

1）模板规划

根据消力池各部位结构特点，结合相关技术要求，消力池部位模板规划以多卡模板为主，散装模板和键槽模板为辅。

消力池底板周边键槽缝面部位采用梯形键槽钢模板，局部采用散装钢模板；平面缝部位全部采用散装钢模板，局部采用木模板补缺；廊道侧墙规划使用P6015和P9015模板，排水沟使用组合定型排水沟钢模板，廊道顶拱采用可变弧组合钢面板，弧型钢顶拱架支撑。

左、中、右导墙高程245m以下为基础大体积混凝土，主要采用梯形键槽钢模板，局部采用散装钢模板；高程245m以上过流面全部使用多卡模板，分段之间设计为垂直梯形键槽缝，采用梯形键槽钢模板。集水井部位使用翻转模板，廊道部位规划同底板廊道使用同样的专用定型钢模板。

尾坎部位规划全部采用多卡模板。

2）主要模板施工方法

（1）大型悬臂多卡模板施工。全悬臂多卡模板主要由面板、支撑系统、锚固系统及操作平台等组成，其中，平面是由5mm厚钢板加工而成的钢面板，其平面尺寸为3m×2.1m（宽×高）；支撑系统是由型钢加工而成的三角形支架，包括面板背架、调节螺杆和紧固装置等，面板通过$\phi$16mm的勾头螺杆固定在面板背架上，其他构件（高度调节件、操作平台等）均固定在支撑系统上；锚固系统由M30高强螺杆（B7螺杆）、定位锥和蛇型锚筋组成，定位锥和蛇型锚筋预先埋入前一仓混凝土壁面上，整个模板通过B7螺杆固定。

（2）廊道排水沟及廊道顶拱模板施工。廊道排水沟采用定型钢模板，每节长度为

1.5m，面板和筋板均采用 $\delta = 2.5$mm 钢板加工，模板之间采用 U 形卡连接。

廊道侧墙模板主要采用 P6015 组合钢模板或 D15 多卡面板，横围檩采用 1.5in（1in=2.54cm）钢管，竖围檩采用 1.5in 钢管或 2 根［12 槽钢，廊道两侧墙模板之间采用可调支撑架支撑，模板内支撑采用套筒螺栓。

廊道顶拱模板采用可调变弧钢定型模板，模板支撑采用钢桁架，钢桁架底脚采用在廊道侧墙预埋的套筒螺栓或设置方木支撑固定。可变弧钢廊道顶拱模板采用钢板加工而成，面板长 150cm，厚 5.5cm，宽度方向弧长 39.2cm。每块钢面板凹面设置 4 条纵向板筋，左右两半幅的纵向板筋各自通过 7 条横向板筋焊接相连，中间 5.2cm 范围不设横向板筋，使面板弧度可调，以适应不同半径廊道顶拱立模的需要。面板之间用“U”形卡连接，拱架为 1.5in 钢管以及廊道顶拱结构尺寸加工成型。面板与拱架之间用专门加工制作的半圆形钩卡连接固定。 木顶拱模板拱架以及顶拱板全部在综合加工厂内加工完成，并按照加工图纸拼装成 2m 一节，现场直接利用人力或仓面吊进行安装。

（3）翻转模板。翻转模板主要用于左、右导墙集水井。翻转模板单块面板长 3m、高 2.1m，每块重约 1t。主要构件有面板、支撑桁架、调节螺杆、操作平台、锚固件和吊耳等。其中，支撑桁架为钢结构形，上、下层模板间桁架内弦杆用插销铰接，外弦杆则通过调节螺杆连接。每块模板布置 1 排 4 根锚筋作为锚固件，锚筋布置在距模板上口 45cm 处。施工时，翻转模板垂直方向以 3 块为一组交替翻转上升，当混凝土浇筑至距最上一块模板上口 60cm 处时，将最底层模板拆除并提升安装到位，混凝土施工荷载始终由最下一层模板锚筋承担。翻转模板采用汽车吊进行安装和拆卸。

（4）键槽模板。根据设计图纸要求，部分消力池底板间及导墙分块间设计为键槽缝。采用 1.5m × 1.6m 的梯形键槽钢模板施工，局部用木模板补缺。键槽模板采用 $\phi$12 或 $\phi$14 钢筋内拉拉条的方式固定，75cm × 160cm 间距布设。

（5）散装钢模板。底板止水处、廊道侧墙模板及廊道止水处等采用散装钢模板施工，局部采用木模板补缺，散装模板采用内拉内撑的方式固定，拉条间距 100cm × 75cm。内支撑采用 $\phi$25mm 钢筋，拉条根据升层不同使用 $\phi$12 或 $\phi$14 拉条，横、竖围檩均采用 1.5in 钢管。

### 9.3.5 钢筋施工

消力池钢筋主要分布在底板、导墙和尾坎部位，钢筋型号主要为 $\phi$28 钢筋，其中，底板底部和面层各布置一层 $\phi$28 钢筋网，面层钢筋网与底板 $\phi$36 锚筋相连接。

1）钢筋加工

依据设计图纸及混凝土分层图，结合现场实际情况编制钢筋加工配料单，配料单上必须注明尺寸、角度、弧度。根据配料单，将钢筋在厂内加工成型。

2）运输

加工好的钢筋依种类及绑扎的先后次序，一般使用平板汽车运至现场，运输时按配料规格分类装车，采用方木垫底，钢筋端头应整齐在同一断面，丝头须戴上保护套或连接套，不得裸露，严防受压变形。卸车时仍按不同规格分类吊卸，严禁用自卸方式倾倒钢筋。

钢筋拖运到现场后，及时用门机吊至施工仓位，运输起吊过程中应注意保护钢筋丝头及连接套筒，避免损坏。

3）钢筋安装

钢筋安装施工时按照先内层、后外层，先底部、后侧墙筋的施工顺序分层施工，上下层钢筋应做到一一对应，施工一层验收一层。钢筋接头按照设计图纸及施工规范要求错开，钢筋按同截面接头百分率 50% 布置。

由于过流面钢筋头不能外露，钢筋与模板之间的保护层采用焊接丁字支撑，丁字支撑与模板间采用木楔楔紧。丁字支撑采用 $\phi$20 钢筋加工成型确保强度，丁字支撑与模板间木楔在混凝土浇筑至支撑高程时，由值班木工及时拆除。

钢筋绑扎安装完毕，应及时妥加保护，避免发生错动和变形。必须根据图纸认真检查钢筋的钢号、直径、根数、间距等是否正确，然后检查钢筋的搭接长度与接头位置是否符合有关规定，钢筋绑扎有无松动、变形，表面是否清洁，有无铁锈、油污，以及钢筋安装的偏差是否在规范规定的允许范围内。

4）钢筋的连接

钢筋接头主要采用直螺纹连接或焊接。接头焊接应确保焊接质量，钢筋电弧焊所采用的焊条，其性能应符合有关规定，牌号应符合设计要求。焊接时，引弧应在帮条或搭接钢筋的一端开始，收弧应在帮条或搭接钢筋端头上，弧坑应填满，第一层焊缝应有足够的熔深，主焊缝与定位焊缝特别是在定位焊缝的始端及终端应熔合良好。焊缝长度单面焊不小于 10d，双面焊不小于 5d。

钢筋直径大于 $\phi$28 的也可采用直螺纹连接，采用直螺纹连接前，操作人员应检查丝头和连接套筒是否相符，螺纹是否干净无污染，完好无损，满足要求时方可连接。具体施工时先在需连接的钢筋端部划红色线标记，标记距钢筋端部每边 1/2 套筒长 ,用卡钳将套筒旋至接头一侧的钢筋上，然后将需连接的钢筋端部对齐、贴紧，再用卡钳旋转套筒使接头使套筒两端见不到标线，此时钢筋接触面处于连接件的中间位置，在套筒上用油漆作拧紧标记，接头两侧钢筋同轴偏差不大于 40。

## 9.3.6 止水及预埋件施工

消力池底板、导墙及尾坎分块间设计有Ⅲ型紫铜止水，止水间设有止水检查槽和缝面排水槽，槽内 $\phi$80 钢管引至廊道内或指定位置。

1）止水施工

Ⅲ型紫铜止水及接头均在厂内采用专门模具加工成型，然后拖运至现场安装。

（1）对位。焊接垂直上引的止水铜片时，根据测量点采用垂球和尺量的方法校核下部止水位置对中，如止水片偏中，则处理对位。施工时将对接止水铜片与仓面待上引的止水铜片搭接，两止水鼻槽对中，搭接长度不得小于 2cm。

（2）焊接。止水铜片在检查符合要求后，就可以对其进行焊接（使用氧焊），焊接时必须进行双面焊接。

（3）检查。止水铜片到位后，根据测量放样点对止水片垂直度、鼻槽中进行校核，保证止水片位置正确，同时对止水片表面、焊接（粘接）接头进行检查。

（4）固定。用钢筋止水架（垂直 75cm 一道、水平 75cm 一道）固定止水片，并用三角木楔将其楔紧。

2）冷却水管埋设

（1）冷却水管采用 1 英寸（直径 2.54cm）黑铁管或者用塑料、高密聚乙烯类管材（如直径 32mm 的 PVC 管，仅限浇筑层厚为 3m 的中间层冷却水管采用 PVC 管）。单根冷却水管的最大长度不得超过 250m。

（2）坝内埋设的蛇形水管一般按 1.5m（浇筑层厚）×2.0m（水管间距）或者 2.0m（浇筑层厚）×1.5m（水管间距）布置（基础混凝土第一层也埋设冷却水管），当采用 3.0m 浇筑层厚时，浇筑层中间应增埋冷却水管，水管按 1.5m（分层埋设厚度）×1.5m（水管间距）布置，固结灌浆施工层面以下冷却水管间距以避开固结灌浆孔为准，以上间排距按此原则布置。埋设时要求水管距上游坝面 2.0~2.5m、距下游坝面 2.5~3.0m，水管距接缝面、坝内孔洞周边 1.0~1.5m。坝内蛇形水管按接缝灌浆分区范围结合坝体通水计划就近引入廊道。引入廊道的水管排列有序，作好标记记录。

（3）冷却水管预先加工成弯管段和直管段两部分，在仓内拼装成蛇形管圈。安装前对冷却水管进行检查确保通畅。在仓面沿冷却水管每隔 3m 用电钻钻孔埋设长度为 20cm、直径 10mm 圆钢，冷却水管用铁丝与直径 10mm 圆钢绑扎牢靠。

（4）消力池底板冷却水管全部引至高程 238~240m 排水廊道，底板周边设计有 2m×2.5m 廊道时，冷却水管直接引入廊道内，按间距 1m 有序排列，并做好标识和记录；底板周边无廊道时，冷却水管跨缝引至相邻块高程 238~240m 排水廊道内，过缝处缠绕沥青麻丝或套管。

（5）左、右导墙高程 260m 以下冷却水管分别引入高程 238m、2.5m×3m 帷幕灌浆廊道；高程 260m 以上冷却水管分别引入高程 260m、2.0m×2.5m 交通廊道和高程 251.75m、2.0m×2.5m 交通廊道。

（6）中导墙冷却水管全部引入高程 240m、2.5m×3m 帷幕灌浆廊道。

（7）尾坎冷却水管分别引入高程 238m、2.5m×3m 帷幕灌浆廊道。

3）排水槽与 $\phi$80mm 排水钢管施工

双道紫铜间排水检查槽先浇块三角木成型，后浇块采用 1.5mm 铁皮加工成型，利用电锤在老混凝土面钻孔打入木楔固定，并用水泥砂浆提前将排水槽盖板两侧封口，以防止浇筑过程水泥浆进入排水槽内凝固后堵塞，两节排水槽盖板安装时应确保搭接 30cm。根据设计图纸要求，在到达埋设 $\phi$80mm 排水钢管高程时，在仓面铺设 $\phi$80mm 钢管引入指定廊道。排水钢管一头伸入排水槽内，一头紧贴廊道侧壁模板。仓面设置插筋将排水钢管固定牢固。

## 9.4 混凝土浇筑

### 9.4.1 混凝土下料、振捣

消力池底板、导墙高程 245m 以上墩墙结构仓位面积相对较小，宜采用平浇法进行浇筑；导墙高程 245m 以下基础大体积混凝土采用台阶法浇筑。混凝土入仓设备有 2 台 MQ2000 门机、1 台 K1000S32 塔机和 2 台胎带机，混凝土下料高度控制不大于 1.5m，人工手持 $\phi$130、$\phi$100 振捣器振捣，确保浇筑振捣能力与入仓强度匹配。过流面底板区域处混凝土采用长柄 $\phi$100、$\phi$80 振捣器振捣，钢筋密集区混凝土可专门配备 $\phi$70 或 $\phi$50 软管振捣器振捣，确保钢筋密集区内混凝土振捣密实。

### 9.4.2 过流面混凝土抹面施工

1）样架安装

消力池底板高程均为 245.0m，为保证底板高流速区混凝土面平整度，需在高程 245.0m 浇筑收仓面设置抹面样架。抹面样架在底板范围顺流向布置，分别设置一道 $\phi$25 钢管样架，样架上口高程均按 245.0m 控制。样架架设过程中，需严格按照测量放样点安装，安装好后由测量队测量验收，其安装精度按 ±2mm 控制，1m 范围内高差按 2mm 控制。

样架采用 $\phi$14 钢筋支撑，支撑筋间距为 40cm，其下端与底板面层钢筋网焊接，为防止浇筑过程中混凝土冲击底板钢筋导致样架变形，利用 $\phi$22 钢筋将样架底部 $\phi$14 支撑架立筋延伸支撑至混凝土面。

2）过流面抹面施工

混凝土下料到位经人工振捣，浇平样架，用铁锹、木耙进行初步平整后，利用

$\phi$150 抹面滚筒在样架上来回滚动，刮除表面多余混凝土，滚动过程中对低于滚动面的部位人工撮料补平，抹面滚筒在样架上来回滚动至混凝土表面石子下沉泛浆即可。再用铝合金刮尺贴紧样架滑动，刮除混凝土表面浮浆，在混凝土表面达到一定强度且初凝前（以手指轻压混凝土表面略有弹性即可），作业人员 2~3 人为一组，站在抹面跳板上人工进行抹平，最后由抹面机对过流面进行抹面收光。

## 9.5 养护及保温

混凝土收仓 8~12h 后进行仓面洒水养护至上层混凝土覆盖，使表面经常保持湿润状态。高温季节施工的侧墙混凝土拆模后，挂设花孔管对侧墙混凝土面进行流水养护，养护时间不少于 28d。底板混凝土抹面完毕后 6~8h 开始洒水养护，并及时在混凝土面上盖麻袋或草袋进行洒水保湿，并且上压竹跳板进行保护，养护时间也不少于 28d，养护期过后，对底板过流面杂物清理，过车部位采用底部铺设双层保温被、上压钢板保护，其他部位铺双层保温被覆盖保护。具体保护方法另见相关措施。

## 9.6 现场应用效果

向家坝水电站泄洪消能建筑使用不掺硅粉的抗冲耐磨混凝土后，经受了 2012 年、2013 年、2014 年和 2015 年 4 次汛期检验，通过汛期大流量水流检验后表明，通过添加粉煤灰、纤维等材料的混凝土，可以达到传统掺硅粉抗冲耐磨混凝土的效果，同时，更有利于现场施工和养护。汛后泄洪消能建筑检查情况分别如下：

### 9.6.1 2012 年汛后检查情况

2012 年汛后检查情况见图 9–2~ 图 9–7。

左消力池运行时间：共 1120h（10 月 11 日—11 月 26 日），右消力池运行时间：共 1365h（10 月 11 日—12 月 8 日）。消力池纵向剖面图见图 9–4。

图 9-2　2012 年 10 月初期蓄水后运行情况

图 9-3　2012 年泄洪时消力池内流态

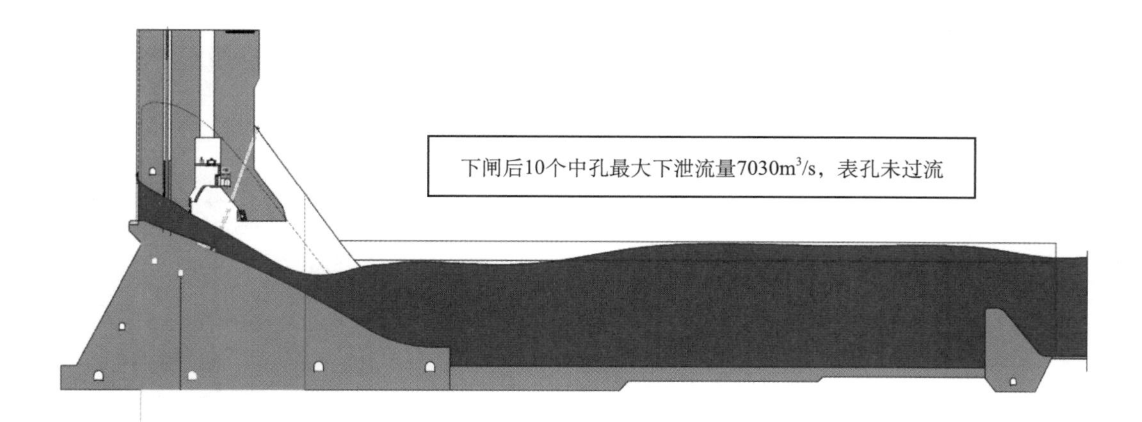


图 9-4　消力池纵向剖面图

图 9-5　2012 年 12 月至 2013 年 6 月，汛后消力池情况

图 9-6　气蚀情况

图 9-7　划痕情况

消力池底板磨蚀主要集中在池首中部，主要磨蚀区域有 16m × 60m，磨蚀深度平均 2cm。中孔流道汛后检查情况，左右、中部区域磨蚀深度较两侧大，见图 9-8 和图 9-9，消力池磨蚀分布见图 9-10，导墙腐蚀情况见图 9-11。

图 9-8　中孔流道过流前检查图片

图 9-9　中孔流道过流后检查图片

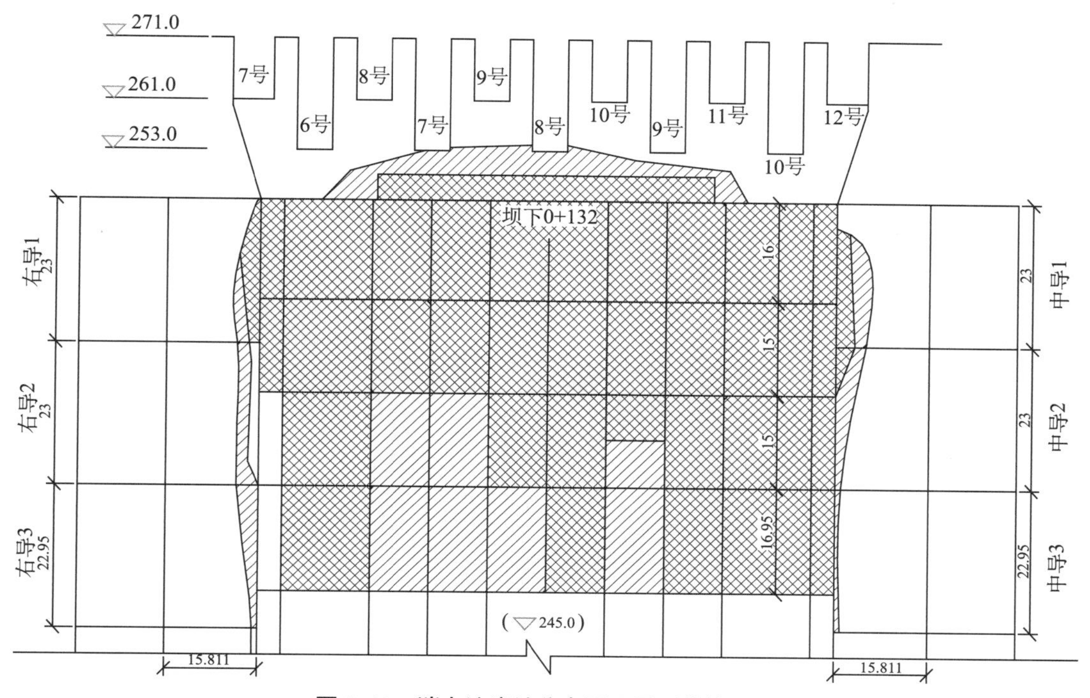


图 9-10　消力池磨蚀分布展示图（单位：m）

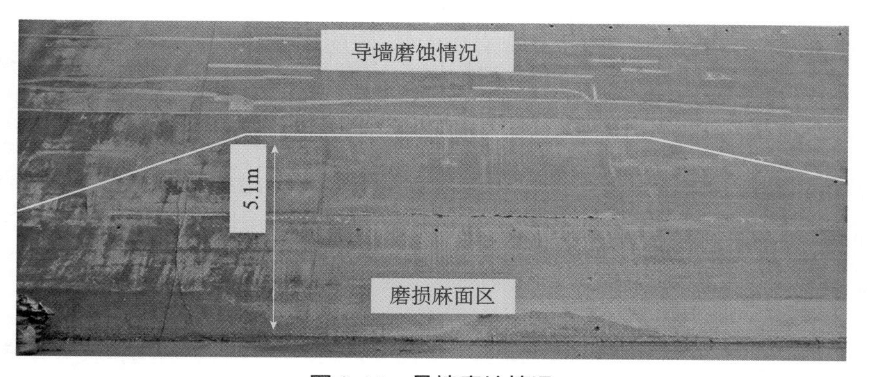


图 9-11　导墙腐蚀情况

注：左中右导墙前 60m 有表面冲刷现象，深度约 1~15mm，局部小石微露。

2012 年 12 月（右消力池抽干水后）及 2013 年 2 月（右消力池检修后），专家现场查勘后召开会议，对过流后整体情况、检修方案等进行了评价、分析和讨论。

与会专家认为磨蚀情况产生的原因为：表孔未投入使用，在中孔单独泄流情况下，消力池内流态复杂且不稳定；2012 年中孔泄流过程中，泄洪坝段仍在继续施工，虽然采取了比较严密的保护措施，但仍有施工杂物掉入，成为消力池内的磨蚀介质来源。尤其是塔带机供料线跨越消力池上方，难以完全避免供料线上的混凝土骨料掉入池内。

## 9.6.2 2013年汛后检查情况

2013年汛期，左池运行时间：1312h（7月18日—10月2日），右池运行时间：2758h（5月3日—10月27日）。最大出库流量出现在9月15日，为14 200m $^{3}$/s，孔口最大下泄11 080 m $^{3}$/s。2013年汛期过流后总体情况较好，局部存在一定程度的磨蚀，但磨蚀范围仅限于保护层表面混凝土。整体情况较好，见图9-12。跌坎中部最大磨蚀厚度约1cm，环氧胶泥被磨蚀。

图9-12　中表孔跌坎侧立面情况

底板磨蚀厚度2~4cm，为浅表层或表层磨蚀，底板中间较两侧磨蚀严重，中间部位修补的环氧砂浆已被磨蚀，两侧环氧砂浆层保留较完整，见图9-13和图9-14。环氧砂浆与混凝土结合质量较好，右池未被冲蚀，左池有少量被冲蚀。

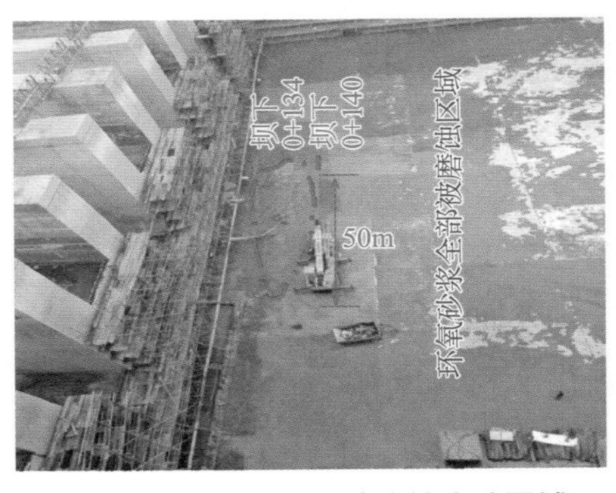


图9-13　底板环氧砂浆被腐蚀区域

图9-14　底板环氧砂浆保存完好区域

2014年1月，在右消力池抽干后，专家进行现场检查认为：中表孔流道和消力池内未发现破坏区域，消力池内原修补的环氧砂浆与老混凝土面结合良好，中表孔内满刮环氧胶泥保留率较高。消力池过流后总体情况较好，局部存在一定程度的磨蚀，但磨蚀范围仅限于保护层表面混凝土。

### 9.6.3　2014 年汛后检查情况

2014 年汛期，左、右消力池运行时间为：7 月 5 日开始，运行至 10 月 8 日，共计运行 97d，其中，左、右池分别运行 1498h、1597h。最大出库流量出现在 8 月 19 日，为 15 100$m^3/s$（对应孔口下泄 8240$m^3/s$）；孔口最大下泄 8880$m^3/s$（对应总下泄流量 9420$m^3/s$），出现在 7 月 9 日，为机组甩负荷试验出现的特殊工况。

右消力池底板上原浇筑的环氧细石混凝土和环氧砂浆保存完整，未见冲蚀剥落的情况；环氧细石混凝土（环氧砂浆）存在轻微磨蚀（约 1cm 以内），见图 9-15 和图 9-16。

图 9-15　2014 年汛前修补后情况

图 9-16　2014 年汛后检查情况

左消力池底板上原浇筑的环氧细石混凝土和环氧砂浆总体保存较好，局部区域出现磨蚀、剥落的情况（长 11m，宽 31m），最大磨蚀深度约 18cm，见图 9-17。

图 9-17　左消力池底板局部出现磨蚀、剥落

中表孔整体情况较好，局部存在划痕、砸坑，但明显比 2013 年汛后检查时减少，导墙部位整体情况较好，原浇筑的环氧砂浆保存较完整，局部存在剥落的情况，见图 9-18 和图 9-19；导墙与底板相交部位存在一定的磨蚀，右池磨蚀较浅，左池磨蚀相对较深。

图 9-18　2014 年汛前导墙修补后的情况

图 9-19　2014 年汛后检查情况

导墙剪切带部位整体情况较好，原浇筑的环氧砂浆和环氧胶泥保存较完整，左池剪切带区域局部出现冲蚀坑。剪切带汛后检查情况见图 9-20 和图 9-21。

图 9-20　左池剪切带汛后检查情况

图 9-21　右池剪切带汛后检查情况

### 9.6.4　2015 年汛后检查情况

2015 年泄洪设施于 2015 年 7 月 13 日开始运行，10 月 8 日结束，左消力池运行历时 980h；右消力池运行历时 85h。汛期最大出库流量为 12 800m³/s，其中，孔口最大泄洪流量为 6460m³/s，泄洪消能建筑物运行历时及最大泄洪流量较前两个汛期均有所减小。中孔共计启闭 309 次，表孔共计启闭 477 次。中、表孔启闭机及弧门运行情况良好，启闭成功率 100%。历年泄洪设施运行情况统计见表 9-1。

表 9–1　历年泄洪设施运行情况统计　　单位：h

| | 2012 年度 | 2013 年度 | 2014 年度 | 2015 年度 |
|---|---|---|---|---|
| 中孔运行历时 | 10 415 | 19 287 | 11 564 | 4017 |
| 表孔运行历时 | | 13 975 | 18 732 | 5492 |
| 左池运行历时 | 1365 | 1312 | 1498 | 980 |
| 右池运行历时 | 1120 | 2758 | 1597 | 85 |
| 孔口最大下泄（$m^3/s$） | 6750 | 11 300 | 8883 | 6460 |

从 2015 年汛后检查情况看，消力池及中表孔整体情况良好，历年修补的材料均保存较好，未发现明显的缺陷。消力池整体磨蚀较轻，呈细骨料外露状态，左、右消力池底板分别出现 2 处、1 处锅底状浅磨坑，磨蚀坑深度约 1~3cm；中表孔整体情况良好，左池表孔流道出现 3 处磨蚀浅坑，磨蚀浅坑深度约 1~3cm。

向家坝水电站泄洪消能建筑物施工及运行检查成果表明：中热水泥和低热水泥均可用于抗冲耐磨混凝土。低热水泥在混凝土力学性能、热学性能和抗裂性方面具有一定的优势，缺点是自生体积收缩变形较大。低热水泥混凝土的早期强度较低，后期强度发展较快，具有良好的力学性能，低热水泥混凝土具有较低的水化热温升和放热速率，有利于温控防裂。

# 参考文献


[1] 国家发展和改革委员会 . 水工建筑物抗冲磨防空蚀混凝土技术规范 电力行业推荐性标准：DL/T 5207—2005[S].

[2] 黄维蓉，刘贞鹏，张忠明，刘涛 . 自密实混凝土的特点及性能研究综述 [J]. 混凝土，2014(01):108–110.

[3] 崔溦，孟苗苗，宋慧芳 . 自密实混凝土骨料运动及静态离析的 CFD 数值模拟 [J/OL]. 建筑材料学报 : 1–12[2019–12–19].

[4] 张军，赵志青，朱从香 . 自密实系列混凝土基本力学性能试验研究 [J]. 混凝土与水泥制品，2019(03):19–23.

[5] 宣卫红，杨果，陈育志 . 掺再生塑料颗粒自密实混凝土的动态力学性能研究 [J]. 水利水电技术，2019，50(11):160–165.

[6] 海然，刘盼，杨艳蒙，刘俊霞 . 钢纤维增强粉煤灰自密实混凝土力学性能研究 [J/OL]. 建筑材料学报 :1–9[2019–12–19].

[7] 万海涛，杨琳 . 浅析泡沫混凝土 [J]. 江西建材，2019(10):3–4.

[8] 杨泽平 . 泡沫混凝土的应用及其进展 [J/OL]. 湖州职业技术学院学报 :1–4[2019–12–19].

[9] 袁勇，邵晓芸 . 合成纤维增强混凝土的发展前景 [J]. 混凝土，2000(12):3–7.

[10] 丁点点 . 耐碱性玻璃纤维增强混凝土的制备及力学性能研究 [J]. 功能材料，2019，50(10):10168–10172.

[11] 王志杰，徐成，徐君祥，李瑞尧，魏子棋 . 混杂纤维混凝土耐久性及混杂效应研究 [J]. 混凝土与水泥制品，2019(11):53–56.

[12] 蒋威，姜景山，滕长龙，马冰艳，黄鑫，王震博，曹钰 . 混杂纤维混凝土的研究现状 [J]. 建材发展导向，2019，17(20):13–16.

[13] 曹瑞东，刘洋键，路国运 .PVA 纤维对 100MPa 超高强混凝土的力学性能影响研究 [J]. 混凝土，2019(10):88–91.

[14] 惠存，曹旭，刘盼，李乐锋，王帅旗，海然 . 玄武岩 –PVA 混杂纤维混凝土力学性能研究 [J]. 中原工学院学报，2018，29(06):32–36.

[15] 白岩 . 再生混凝土利用技术及应用现状 [J]. 科技经济导刊，2019，27(21):59.

[16] 孙增智，杨宝帅，关博文，高思齐，邓陈记，陈玉宏 . 再生混凝土力学性能研究进展 [J/OL]. 环境工程 :1–8[2019–12–19].

[17] 秦善勇，闫春岭，王海龙.再生细骨料混凝土的抗压强度试验[J].粉煤灰综合利用，2019(05):14–17.

[18] 张健，张述雄，杜鹏，郭德立，王清豹.建筑垃圾对混凝土强度的影响试验研究[J].硅酸盐通报，2019，38(09):3004–3009+3014.

[19] 吴声宏.混凝土耐磨性试验研究[J].中国建材科技,2016,25(05):134–135.

[20] 程攀,王旭.混凝土抗裂性能评价方法综述[J].建筑工程技术与设计,2014(26).DOI:10.3969/j.issn.2095–6630.2014.26.788.

[21] 李光伟，杨元慧.聚丙烯纤维混凝土性能的试验研究［J］.水利水电科技进展，2001，21( 5) : 14–16.

[22] CHEN L，MINDESS S，MORGAN D R，et al. Comparative toughness testing of fiber reinforced concrete［C］. Testing of Fiber R einforced Concrete，1995.

[23] 马耀.福堂水电站拦河闸坝铺盖及护坦的抗冲耐磨材料研究［J］.水电站设计，2004，20(2) : 25–29.

[24] 支拴喜，支晓妮，江文静.HF混凝土的性能和机理的试验研究及其工程应用［J］.水力发电学报，2008，27( 3) : 60–64.

[25] 葛洁雅,朱红光,李宗徽,等.煤矸石粗骨料–地聚物混凝土的力学与耐久性能研究[J].材料导报,2021, 35(S2):218–223.

[26] 姚源,张凯峰,罗作球,等.砖渣粗骨料特性及其对混凝土性能的影响[J].新型建筑材料,2021,48(11):133–136.

[27] 李书明,曾志,刘竞,等.粗骨料对高强自密实轻骨料混凝土性能的影响[J].铁道建筑,2020,60(11):148–152.

[28] 黄伟,丁宇,吕柏颖,等.粗骨料形状对水工混凝土强度性能影响试验研究[J].水力发电,2020,46(08): 104–108,113.

[29] 杨鹏辉.不同粗骨料对高强混凝土力学及收缩性能影响研究[J].合成材料老化与应用,2023,52(01):89–91.DOI:10.16584/j.cnki.issn1671–5381.2023.01.003.

[30] 范庭梧,海亮,杜红桥.乌斯通沟水库导流洞HF抗冲耐磨混凝土施工技术[J].湖南水利水电,2022(003):000.

[31] 叶新,李朝政,张虹.高钛重矿渣粗骨料在抗冲耐磨混凝土中的应用研究[J].水利与建筑工程学报,2021,19(05):83–86.

[32] 成小东,张丽英.开敞式溢洪道抗冲耐磨混凝土配合比设计及施工[J].科技创新与应用,2018(08):45–47.